"十三五"国家重点出版物出版规划项目
岩石力学与工程研究著作丛书

岩体内应力波传播试验基础

范立峰 杜修力 著

科学出版社
北京

内 容 简 介

岩体内应力波传播特性研究是开展岩体工程动态稳定性分析的关键。本书结合国内外相关资料与作者课题组多年研究成果，总结了岩体动态力学特性与岩体内应力波传播特性试验方法。全书介绍了超声波试验、分离式霍普金森压杆试验、摆锤冲击试验以及分离式摆锤冲击试验，系统介绍了基本试验原理、试验方法及最新研究成果，重点阐述了研究岩体内应力波传播特性的试验思路、方法和步骤。

本书可作为从事岩体工程、采矿工程和工程地质等相关专业本科生及研究生试验教学的参考书，也可供相关专业的科研人员参考。

图书在版编目（CIP）数据

岩体内应力波传播试验基础 / 范立峰，杜修力著. —北京：科学出版社，2024.5

（岩石力学与工程研究著作丛书）

"十三五"国家重点出版物出版规划项目

ISBN 978-7-03-078294-6

Ⅰ．①岩⋯　Ⅱ．①范⋯　②杜⋯　Ⅲ．①岩体-应力波传播-研究　Ⅳ．①O347.4

中国国家版本馆CIP数据核字(2024)第057978号

责任编辑：刘宝莉 / 责任校对：任苗苗
责任印制：肖　兴 / 封面设计：图阅社

科学出版社 出版
北京东黄城根北街16号
邮政编码：100717
http://www.sciencep.com

涿州市般润文化传播有限公司印刷
科学出版社发行　各地新华书店经销

*

2024年5月第 一 版　开本：720×1000 1/16
2024年5月第一次印刷　印张：9 3/4
字数：196 000

定价：88.00元

（如有印装质量问题，我社负责调换）

"岩石力学与工程研究著作丛书"编委会

名誉主编：孙　钧　王思敬　钱七虎　谢和平

主　编：冯夏庭　何满潮

副主编：康红普　李术才　潘一山　殷跃平　周创兵

秘书长：黄理兴　刘宝莉

编　委：（按姓氏汉语拼音排序）

蔡美峰　曹　洪　陈卫忠　陈云敏　陈志龙
邓建辉　杜时贵　杜修力　范秋雁　冯夏庭
高文学　郭熙灵　何昌荣　何满潮　黄宏伟
黄理兴　蒋宇静　焦玉勇　金丰年　景海河
鞠　杨　康红普　李　宁　李　晓　李海波
李建林　李世海　李术才　李夕兵　李小春
李新平　廖红建　刘宝莉　刘大安　刘汉东
刘汉龙　刘泉声　吕爱钟　潘一山　戚承志
任辉启　佘诗刚　盛　谦　施　斌　宋胜武
谭卓英　唐春安　汪小刚　王　驹　王　媛
王金安　王明洋　王旭东　王学潮　王义峰
王芝银　邬爱清　谢富仁　谢雄耀　徐卫亚
薛　强　杨　强　杨更社　杨光华　殷跃平
岳中琦　张金良　张强勇　赵　文　赵阳升
郑　宏　郑炳旭　周创兵　朱合华　朱万成

"岩石力学与工程研究著作丛书"序

随着西部大开发等相关战略的实施，国家重大基础设施建设正以前所未有的速度在全国展开：在建、拟建水电工程达30多项，大多以地下硐室(群)为其主要水工建筑物，如龙滩、小湾、三板溪、水布垭、虎跳峡、向家坝等水电站，其中白鹤滩水电站的地下厂房高达90m、宽达35m、长400多米；锦屏二级水电站4条引水隧道，单洞长16.67km，最大埋深2525m，是世界上埋深与规模均为最大的水工引水隧洞；规划中的南水北调西线工程的隧洞埋深大多在400～900m，最大埋深1150m。矿产资源与石油开采向深部延伸，许多矿山采深已达1200m以上。高应力的作用使得地下工程冲击地压显现剧烈，岩爆危险性增加，巷(隧)道变形速度加快、持续时间长。城镇建设与地下空间开发、高速公路与高速铁路建设日新月异。海洋工程(如深海石油与矿产资源的开发等)也出现方兴未艾的发展势头。能源地下储存、高放核废物的深地质处置、天然气水合物的勘探与安全开采、CO_2地下隔离等已引起高度重视，有的已列入国家发展规划。这些工程建设提出了许多前所未有的岩石力学前沿课题和亟待解决的工程技术难题。例如，深部高应力下地下工程安全性评价与设计优化问题，高山峡谷地区高陡边坡的稳定性问题，地下油气储库、高放核废物深地质处置库以及地下CO_2隔离层的安全性问题，深部岩体的分区碎裂化的演化机制与规律，等等。这些难题的解决迫切需要岩石力学理论的发展与相关技术的突破。

近几年来，863计划、973计划、"十一五"国家科技支撑计划、国家自然科学基金重大研究计划以及人才和面上项目、中国科学院知识创新工程项目、教育部重点(重大)与人才项目等，对攻克上述科学与工程技术难题陆续给予了有力资助，并针对重大工程在设计和施工过程中遇到的技术难题组织了一些专项科研，吸收国内外的优势力量进行攻关。在各方面的支持下，这些课题已经取得了很多很好的研究成果，并在国家重点工程建设中发挥了重要的作用。目前组织国内同行将上述领域所研究的成果进行了系统的总结，并出版"岩石力学与工程研究著作丛书"，值得钦佩、支持与鼓励。

该丛书涉及近几年来我国围绕岩石力学学科的国际前沿、国家重大工程建设中所遇到的工程技术难题的攻克等方面所取得的主要创新性研究成果，包括深部及其复杂条件下的岩体力学的室内、原位试验方法和技术，考虑复杂条件与过程

(如高应力、高渗透压、高应变速率、温度-水流-应力-化学耦合)的岩体力学特性、变形破裂过程规律及其数学模型、分析方法与理论,地质超前预报方法与技术,工程地质灾害预测预报与防治措施,断续节理岩体的加固止裂机理与设计方法,灾害环境下重大工程的安全性,岩石工程实时监测技术与应用,岩石工程施工过程仿真、动态反馈分析与设计优化,典型与特殊岩石工程(如海底隧道、深埋长隧洞、高陡边坡、膨胀岩工程等)超规范的设计与实践实例,等等。

岩石力学是一门应用性很强的学科。岩石力学课题来自于工程建设,岩石力学理论以解决复杂的岩石工程技术难题为生命力,在工程实践中检验、完善和发展。该丛书较好地体现了这一岩石力学学科的属性与特色。

我深信"岩石力学与工程研究著作丛书"的出版,必将推动我国岩石力学与工程研究工作的深入开展,在人才培养、岩石工程建设难题的攻克以及推动技术进步方面将会发挥显著的作用。

2007 年 12 月 8 日

"岩石力学与工程研究著作丛书"编者的话

近 20 年来，随着我国许多举世瞩目的岩石工程不断兴建，岩石力学与工程学科各领域的理论研究和工程实践得到较广泛的发展，科研水平与工程技术能力得到大幅度提高。在岩石力学与工程基本特性、理论与建模、智能分析与计算、设计与虚拟仿真、施工控制与信息化、测试与监测、灾害性防治、工程建设与环境协调等诸多学科方向与领域都取得了辉煌成绩。特别是解决岩石工程建设中的关键性复杂技术疑难问题的方法、973 计划、863 计划、国家自然科学基金等重大、重点课题研究成果，为我国岩石力学与工程学科的发展发挥了重大的推动作用。

应科学出版社诚邀，由国际岩石力学学会副主席、岩土力学与工程国家重点实验室主任冯夏庭教授和黄理兴研究员策划，先后在武汉市与葫芦岛市召开"岩石力学与工程研究著作丛书"编写研讨会，组织我国岩石力学工程界的精英们参与本丛书的撰写，以反映我国近期在岩石力学与工程领域研究取得的最新成果。本丛书内容涵盖岩石力学与工程的理论研究、试验方法、试验技术、计算仿真、工程实践等各个方面。

本丛书编委会编委由 75 位来自全国水利水电、煤炭石油、能源矿山、铁道交通、资源环境、市镇建设、国防科研领域的科研院所、大专院校、工矿企业等单位与部门的岩石力学与工程界精英组成。编委会负责选题的审查，科学出版社负责稿件的审定与出版。

在本丛书的策划、组织与出版过程中，得到了各专著作者与编委的积极响应；得到了各界领导的关怀与支持，中国岩石力学与工程学会理事长钱七虎院士特为丛书作序；中国科学院武汉岩土力学研究所冯夏庭教授、黄理兴研究员与科学出版社刘宝莉编辑做了许多烦琐而有成效的工作，在此一并表示感谢。

"21 世纪岩土力学与工程研究中心在中国"，这一理念已得到世人的共识。我们生长在这个年代里，感到无限的幸福与骄傲，同时我们也感觉到肩上的责任重大。我们组织编写这套丛书，希望能真实反映我国岩石力学与工程研究的现状与成果，希望对读者有所帮助，希望能为我国岩石力学学科发展与工程建设贡献一份力量。

"岩石力学与工程研究著作丛书"
编委会
2007 年 11 月 28 日

前 言

随着国家众多重大岩体工程的开展，岩体工程稳定性分析逐渐受到重视。岩体工程在施工和服役阶段会受到动荷载的作用，动荷载以应力波的形式在岩体内传播，从而影响岩体的稳定性。应力波传播特性的研究是岩体工程动态稳定性分析的关键科学问题之一。开展应力波传播试验是研究岩体内应力波传播特性的重要方法。

针对岩体内细观裂隙和宏观节理对应力波传播特性的不同作用机制，本书在调研和深入分析国内外岩体内应力波传播研究成果的基础上，详细介绍了研究含细观裂隙岩体内应力波传播特性的试验方法和含宏观节理岩体内应力波透反射特性的试验方法，系统阐述了岩体内应力波传播的试验原理、试验设备与试验步骤，分析了应力波在细观裂隙岩体和宏观节理岩体内的传播特性。本书注重试验理论、试验方法和试验结果的阐述，重点说明了研究岩体内应力波传播问题的试验思路、方法和步骤。通过对本书的学习，读者能够全面且深入地了解应力波传播特性的试验方法，为从事相关工作打下基础。

本书的相关研究工作得到了国家自然科学基金面上项目（12172019、51778021、11572282 和 11302191）和北京市杰出青年科学基金项目（JQ20039）的资助，作者在此表示衷心感谢。此外，还要感谢课题组杨崎浩、王梦、李涵、卫秀文等对书籍资料的整理。

由于作者水平有限，书中难免存在不足之处，敬请各位同行和读者批评指正。

目　录

"岩石力学与工程研究著作丛书"序
"岩石力学与工程研究著作丛书"编者的话
前言

第1章　绪论 ·· 1
1.1　岩体内应力波传播特性试验 ··· 1
1.2　岩体动态力学特性试验 ·· 3

第2章　岩石超声波试验 ·· 6
2.1　试验理论 ··· 6
2.2　试样制备 ··· 8
2.3　试验装置及步骤 ·· 9
2.4　试验结果及分析 ·· 10
2.5　高温岩体波速试验案例 ··· 12
　　2.5.1　不同温度循环热处理后花岗岩波速测试 ··· 12
　　2.5.2　不同冷却方式处理后花岗岩波速测试 ··· 16

第3章　基于分离式霍普金森压杆的岩体动态力学试验 ································· 20
3.1　试验理论 ··· 20
3.2　试样制备 ··· 21
3.3　试验装置及步骤 ·· 24
3.4　试验结果及分析 ·· 25
3.5　高温岩体冲击试验案例 ··· 27
　　3.5.1　多种冷却方式下高温砂岩的 SHPB 试验步骤 ·· 27
　　3.5.2　多种冷却方式下高温砂岩的动态压缩力学特性 ···································· 28
　　3.5.3　水冷却方式下高温花岗岩的循环冲击 SHPB 试验步骤 ························· 36
　　3.5.4　多次循环冲击下水冷却花岗岩的动态压缩力学特性 ···························· 37

第4章　细观裂隙岩体内应力波传播试验 ··· 53
4.1　试验理论 ··· 53
4.2　试样制备 ··· 55
4.3　试验装置及步骤 ·· 56
4.4　试验结果及分析 ·· 59

  4.5 高温岩体内应力波传播试验案例 ··· 61
    4.5.1 高温加热 ··· 61
    4.5.2 高温岩体温度检测 ··· 61
    4.5.3 高温后岩体应力波试验结果及分析 ··· 62
    4.5.4 高温后岩体不同频率应力波试验结果及分析 ································· 67

第 5 章 基于组合波方法的细观裂隙岩体内应力波传播试验 ······················· 77
  5.1 试验理论 ··· 77
  5.2 试样制备 ··· 79
  5.3 试验装置及步骤 ··· 79
  5.4 试验结果及分析 ··· 81
    5.4.1 短杆摆锤冲击试验结果 ··· 81
    5.4.2 组合波方法验证 ··· 82

第 6 章 非接触应力波传播试验 ··· 86
  6.1 高速摄像与数字图像相关技术原理 ··· 86
  6.2 试验理论 ··· 88
  6.3 试样制备 ··· 90
  6.4 试验装置及步骤 ··· 91
  6.5 试验结果及分析 ··· 92
    6.5.1 非接触应力波传播试验结果 ··· 92
    6.5.2 非接触应力波传播试验方法验证 ··· 94
    6.5.3 非接触应力波传播方法的应用 ··· 97

第 7 章 非填充节理的动态力学特性试验 ··· 99
  7.1 试验理论 ··· 99
  7.2 试样制备 ··· 103
  7.3 试验装置及步骤 ··· 104
  7.4 试验结果及分析 ··· 106
  7.5 非填充节理刚度确定方法的应用 ··· 108
    7.5.1 非填充节理刚度确定方法预测不同幅值的入射波在节理处的反射特性 ··· 108
    7.5.2 非填充节理刚度确定方法预测不同频率的入射波在节理处的反射特性 ··· 111

第 8 章 填充节理的动态力学特性试验 ··· 114
  8.1 试验理论 ··· 114
  8.2 试样制备 ··· 116
  8.3 试验装置及步骤 ··· 117
  8.4 试验结果及分析 ··· 119

8.5 填充节理刚度确定方法的应用 ·· 121
    8.5.1 填充节理刚度确定方法预测不同幅值的入射波在节理处的透射特性 ···· 121
    8.5.2 填充节理刚度确定方法预测不同频率的入射波在节理处的透射特性 ···· 129

参考文献 ·· 137

第1章 绪 论

我国水电、交通等行业的岩体年爆破开挖总量巨大。此外，我国位于环太平洋地震带和欧亚大陆地震带之间，区域地震活跃。爆破开挖与地震会产生动荷载，动荷载通常以应力波的形式在岩体内传播。在岩体工程动态稳定性分析中，低估应力波作用会诱发滑坡、局部岩体崩塌等动力灾害，危及岩体工程的建设和运营安全。相反，高估应力波作用则会导致过度支护，造成资源的巨大浪费。因此，研究岩体内应力波传播特性对岩体工程动态稳定性分析具有重要意义。

1.1 岩体内应力波传播特性试验

岩体是一种常见的天然地质材料，它主要由多种矿物晶粒[1,2]、胶结物[3,4]组成并含有大量多尺度不连续结构面，如细观裂隙[5-7]和宏观节理等[8]。当应力波在岩体内传播时，岩体内的细观裂隙会导致应力波发生幅值衰减[9,10]和波形耗散[11,12]，而岩体内的宏观节理则会导致应力波的透射[13]、反射[14]、弥散[15]和滞后[16]。研究岩体内应力波传播特性的试验主要有超声波试验、摆锤冲击试验和分离式摆锤冲击试验。

超声波试验是一种装置简易、操作便捷的试验方法，被应用于测量岩体内高频、超高频应力波波速。超声波试验装置主要包括发射探头、接收探头、数据存储器和示波器等，如图 1.1 所示。Tang 等[17]通过超声波试验发现应力波的幅值和能量会随着传播距离的增加而减小。Wang 等[18]采用离散傅里叶变换，分析了应力波在频域内的传播特性，发现高频谐波的衰减率远大于低频谐波的衰减率。此外，超声波试验被进一步应用于研究高温作用下岩体内应力波传播的波速、幅值和能量，发现应力波波速、幅值和能量会随着温度的增加而减小[19-23]。

摆锤冲击试验通常被应用于岩体内中低频应力波幅值衰减和能量耗散的研究[24-26]。摆锤冲击试验装置主要包括加载系统、数据采集系统、应力波传播系统等，如图 1.2 所示。在摆锤冲击试验过程中，可以通过调整摆角、摆长改变应力波的幅值和波长[27]。采用数据采集系统采集应力波信号，分析岩体内应

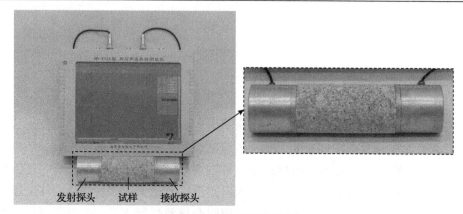

图 1.1　超声波试验装置

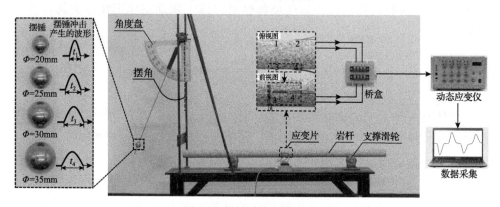

图 1.2　摆锤冲击试验装置

力波传播特性。Niu 等[28]通过摆锤冲击试验研究应力波在岩体内传播时的衰减系数和波数，建立了等效黏弹性模型，成功预测了岩体内的应力波传播，揭示了岩体内应力波的衰减和耗散机理。为了进一步研究极端环境下岩体内的应力波传播特性，Cheng 等[29,30]引入应力加载系统改进了摆锤冲击试验装置，研究了地应力作用下深部岩体内应力波的幅值衰减和能量耗散特性。针对深部岩体高温环境无法直接测量岩体内应力波传播特性的难题，Yang 等[31]结合高速摄像与数字图像相关技术，建立了非接触式应力波测试系统，实现了非接触测试岩体内的应力波，扩展了摆锤冲击试验的应用范围。

上述试验方法主要用于研究含细观裂隙岩体内应力波的传播。对于含宏观节理岩体内应力波的传播，通常采用分离式摆锤冲击试验方法[32-34]。分离式摆锤冲击试验装置主要包括加载系统、杆组件系统、测量系统以及数据采集系统等，如图 1.3 所示。该装置通过采集入射杆和透射杆中应力波信号来分析应力波在节理岩体内的透反射规律[35-37]。Li 等[38]采用分离式摆锤冲击试验研究了非填充节理岩体内应力波的传播，分析了应力波通过非填充节理的透射系数和反射系数。在此基础上，Li 等[13, 14]研究了非填充节理接触面积对应力波传播特性的影响。结果表明，应力波的透射系数随着节理接触面积的增加而线性增大。此外，分离式摆锤冲击试验也被应用于研究填充节理岩体内应力波传播特性。Li 等[39]采用分离式摆锤冲击试验，研究了砂层节理的厚度和含水量对应力波透射特性的影响，揭示了应力波作用下砂层节理的应力-闭合关系。

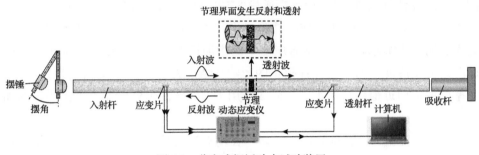

图 1.3　分离式摆锤冲击试验装置

1.2　岩体动态力学特性试验

分离式霍普金森压杆(split Hopkinson pressure bar, SHPB)是研究中高应变率范围内岩石动态力学特性的常用装置，如图 1.4 所示。在 SHPB 试验中，改变撞击杆速度可以调整入射波幅值，改变撞击杆长度可以调整入射波波长。入射波沿入射杆向试样传播至杆-试样界面时会发生反射和透射。通过分析应变

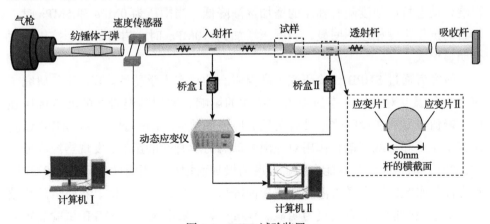

图 1.4　SHPB 试验装置

片电压信号得到岩石的动态应力-应变关系，进而研究岩石的动态强度、弹性模量等动态力学特性。

研究者通过 SHPB 试验研究了常温岩石的动态力学特性。Zhang 等[40]利用 SHPB 试验装置进行了岩石动态冲击试验，发现岩石材料的动态力学特性与静态力学特性存在较大差异。Li 等[41]改进了试验装置，发现采用适当的脉冲整形器，有助于岩石材料达到动态应力平衡并实现恒定应变率变形。刘军忠等[42]研究了加载率对岩石破坏应变的影响。结果表明，随着加载率的增加，岩石的破坏应变线性增加。Li 等[43, 44]通过 SHPB 试验，研究了岩石的动态应力-应变关系。Gong 等[45]通过 SHPB 试验，研究了动荷载作用下岩石的动态强度。结果表明，岩石的动态强度随着应变率的增加逐渐增大。Weng 等[46]通过 SHPB 试验研究了应变率对岩石弹性模量的影响。结果表明，岩石的弹性模量随着应变率的增加而近似线性增加。动荷载作用下，岩石的力学性能表现出明显的加载率相关性。

研究者通过 SHPB 试验研究了岩石在动态冲击后的破碎特性和能量变化特性。谢和平等[47]分析了岩石破坏过程中的能量变化，指出岩石在外力作用下的破坏过程本质上是能量的耗散与释放。岩石的破碎程度与耗散能之间存在联系。You 等[48]通过 SHPB 试验研究了不同冲击速度对岩石破碎特征的影响。结果表明，岩石的破碎特性指数随着冲击速度的增加而逐渐增大，岩石破碎断裂所需的能量随着冲击速度的增加而逐渐增大。另外，李夕兵等[49, 50]研究了不同加载波形对岩石能量耗散特征的影响。结果表明，矩形波加载下岩石的能量吸收值最大，破碎效果较好。宫凤强等[51]通过施加不同的轴压和围压，研究了动静组合作用下岩石的动态力学性能。结果表明，动态抗压强度受到轴压的显著影响，动态抗压强度随着轴压的增加逐渐降低。当围压为 0MPa 和 5MPa 时，岩石的抗压强度相差不明显，当围压增加到 10MPa 时，岩石的动态抗压强度会明显增大。

研究者通过 SHPB 试验研究了高温岩石的动态力学特性。Liu 等[52]研究了应变率和温度对砂岩动态压缩力学特性的影响，发现高温岩石的动态抗压强度、峰值应变和能量吸收率没有明显的应变率效应。Fan 等[53]通过 SHPB 试验研究了温度和加载率耦合作用对花岗岩动态力学特性的影响，发现当温度低于 400℃时，动态能量吸收能力随着温度的增加而增加。当温度升高到 800℃时，动态能量吸收能力会随着温度的增加而降低。当加载率较小时，花岗岩的热效应对能量吸收能力的影响更为明显。Wang 等[54]采用改进的 SHPB 试验装置对花岗岩进行了动态压缩试验，研究了高温和应变率对花岗岩破坏模式的影响，发现随着应变率或入射能量的增加，高温岩石的破坏模式由轴向劈裂转变为粉碎。在相同的动荷载作用下，温度的升高会加剧岩石的破碎程度。Gao 等[55]研究了热冲击次数对砂岩动态力学特性的影响，分析了多次热冲击下砂岩动态抗压强度和细观结构的变化特征。

第 2 章　岩石超声波试验

当应力波通过岩石时，应力波的波速、幅值、能量和频谱等发生变化。在超声波试验中，应力波传播特性主要与岩石的结构特征(宏观节理、细观裂隙)等因素有关。而岩石结构特征是影响岩石物理和力学性质的重要因素。因此，超声波试验被应用于反映岩石的物理和力学性质。

2.1　试验理论

超声波试验中首先将发射探头与接收探头直接接触，确定超声波从发射探头直接传播至接收探头所需的时间；然后将试样放置于发射探头和接收探头之间，测量超声波从发射探头经过试样传播至接收探头所需的时间。图 2.1 为 P 波从发射探头直接传播至接收探头的波形。图 2.2 为 P 波从发射探头经过试样传播至接收探头的波形。P 波的波速为

$$C_\mathrm{p} = \frac{L}{t_\mathrm{p} - t_\mathrm{p0}} \tag{2.1}$$

式中，C_p 为 P 波波速；L 为试样长度；t_p 为 P 波从发射探头经过试样传播至接收探头所需的时间；t_p0 为 P 波从发射探头直接传播至接收探头所需的时间。

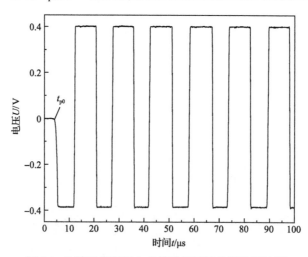

图 2.1　P 波从发射探头直接传播至接收探头的波形

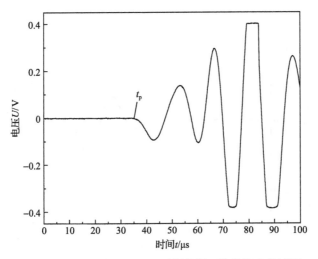

图 2.2 P 波从发射探头经过试样传播至接收探头的波形

图 2.3 为 S 波从发射探头直接传播至接收探头的波形。图 2.4 为 S 波从发射探头经过试样传播至接收探头的波形。S 波的波速为

$$C_s = \frac{L}{t_s - t_{s0}} \tag{2.2}$$

式中，C_s 为 S 波波速；t_s 为 S 波从发射探头经过试样传播至接收探头所需的时间；t_{s0} 为 S 波从发射探头直接传播至接收探头所需的时间。

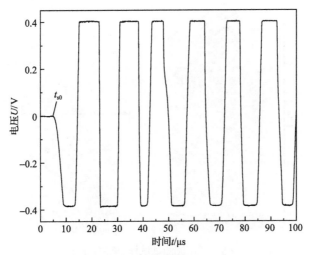

图 2.3 S 波从发射探头直接传播至接收探头的波形

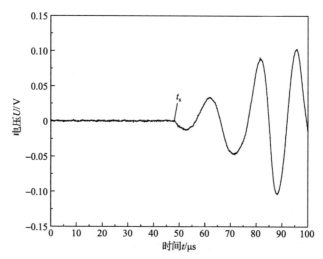

图 2.4　S 波从发射探头经过试样传播至接收探头的波形

2.2　试样制备

　　超声波试验采用圆柱体试样，其直径为 48~54mm，试样长度与试样直径比为 2~2.5，试样端面不平整度应小于 0.025mm。本章试验采用花岗岩作为超声波测试试样，试样的长度为 100mm、直径为 50mm，如图 2.5 所示。试样两端面采用砂纸进行打磨，确保试样两端面光滑且平行。

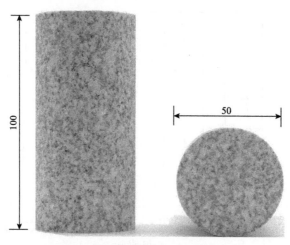

图 2.5　超声波测试试样(单位：mm)

2.3 试验装置及步骤

1. 试验装置

以 HS-YS2A 型岩石超声波测试仪为例,介绍超声波试验装置及步骤,其装置实物如图 2.6 所示。该装置主要包括发射探头、接收探头、示波器和数据存储器等。其中发射探头由压电晶体材料构成,可以将电能转换为超声波,并将超声波传播至被测物体中。接收探头用于接收通过被测物体的超声波,并将超声波转换为电信号。示波器用于实时显示接收探头所接收的超声波波形。数据存储器用于记录和存储接收探头接收到的超声波信号,并对保存的试验数据进行管理,包括文件命名、文件夹分类等。

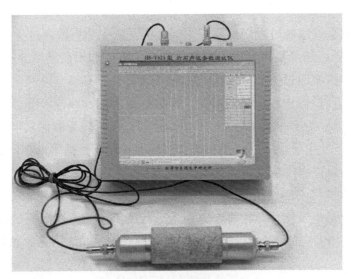

图 2.6 超声波测试仪

2. 试验步骤

1) 超声波波速测试

超声波试验主要由调零校准、试样安装、波速测量等步骤组成,其具体试验步骤如下:

(1) 打开测试仪,将发射探头和接收探头涂抹凡士林,两者贴紧并进行采样,观察显示器中的波形,将光标拖动至波形起跳点,进行调零校准工作。

(2)调零校准完成后,将试样两端面涂抹凡士林,放置于发射探头和接收探头之间,对齐试样和探头的轴心,令试样两端面与发射探头和接收探头紧密接触,确保探头与试样之间无间隙。

(3)在仪器操控界面中输入试样长度,作为超声波测量距离,点击采样按钮,观察显示器中的波形,再次将光标拖动至波形起跳点。

(4)点击波速测量按钮,读取显示器中的超声波波速,记录并保存数据。

(5)试验结束后,关闭主机,将发射探头、接收探头和主机擦拭干净后,装入收纳盒。

2)注意事项

(1)在使用新的探头时,需要将发射探头和接收探头进行直接接触,用于确定两个探头之间超声波的传播时间,减少应力波在探头内传播对试验结果的影响。

(2)在测量波速的过程中需要使用耦合剂,减少超声波通过探头/试样界面处的能量损耗。如果要测量横波波速,耦合剂需要选用高黏度介质(例如环氧树脂),减少横波通过探头/试样界面处的能量损耗。

(3)在试验过程中波速仪发射探头和接收探头的轴线应对齐,确保超声波传播距离与试样长度一致。在进行多次测量的过程中需要确保发射探头和接收探头的位置不发生变化,确保每次测量过程中超声波传播距离相同。

(4)在测量过程中应控制探头与试样之间保持较小的耦合应力(10kPa),减小耦合应力对岩石细观结构的影响。

(5)由于每个试样可以在多个方向上进行测试,需要附上测试过程的示意图或者照片,用于显示试样结构(层理、节理)、测试位置和超声波传播方向。

2.4　试验结果及分析

图 2.7 为发射探头与接收探头直接接触时的 P 波波形。可以看出,当 P 波从发射探头直接传播至接收探头时所需的时间为 3.70μs。图 2.8 为花岗岩波速测量时的 P 波波形。可以看出,当 P 波从发射探头经过花岗岩试样传播至接收探头所需的时间为 27.95μs。获得 P 波从发射探头直接传播至接收探头的时间和从发射探头经过花岗岩试样传播至接收探头所需的时间后,通过式(2.1)可以得到花岗岩的 P 波波速为 4123.4m/s。

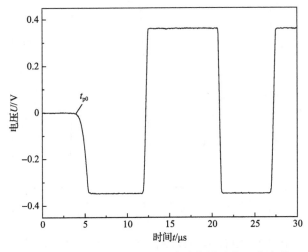

图 2.7　发射探头与接收探头直接接触时的 P 波波形

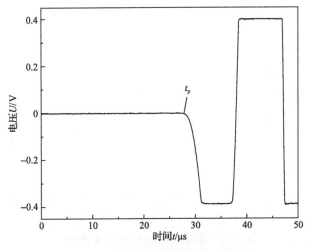

图 2.8　花岗岩波速测量时的 P 波波形

图 2.9 为发射探头与接收探头直接接触时的 S 波波形。可以看出，当 S 波直接从发射探头传播至接收探头时所需的时间为 5.10μs。图 2.10 为花岗岩波速测量时的 S 波波形。可以看出，当 S 波从发射探头经过花岗岩试样传播至接收探头所需的时间为 29.15μs。获得 S 波从发射探头直接传播至接收探头的时间和从发射探头经过花岗岩试样传播至接收探头所需的时间后，通过式(2.2)可以得到花岗岩的 S 波波速为 4158.0m/s。

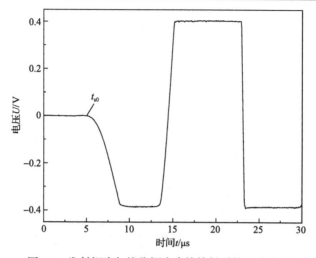

图 2.9　发射探头与接收探头直接接触时的 S 波波形

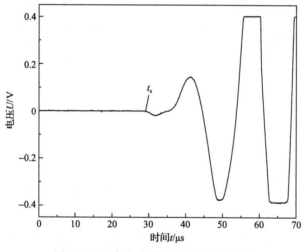

图 2.10　花岗岩波速测量时的 S 波波形

2.5　高温岩体波速试验案例

2.5.1　不同温度循环热处理后花岗岩波速测试

对不同温度循环热处理后的花岗岩试样进行波速测试,得出的结果如图 2.11 和表 2.1 所示。图 2.11 为不同温度下花岗岩内波速与循环热处理次数的关系。可以看出,随着循环热处理次数的增多,波速不断降低。第 1 次循环热处理后,波速下降最为明显。100℃、200℃、300℃和 400℃处理后的花岗岩内波速分别下降了 2.1%、7.7%、15.0%和 24.9%。7 次循环热处理以后，波速下降幅度明显降低。另外，加热温度越高，波速下降幅度越大。

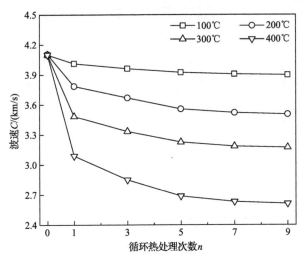

图 2.11　不同温度下花岗岩内波速与循环热处理次数的关系

表 2.1　不同温度循环热处理后花岗岩的波速

温度 /℃	循环次数 /次	波速/(m/s)			波速平均值 /(m/s)
		试样 1	试样 2	试样 3	
100	0	4065	4142	4094	4100
	1	3992	4064	3981	4012
	3	3959	3982	3938	3960
	5	3921	3958	3889	3923
	7	3889	3934	3895	3906
	9	3887	3912	3893	3897
200	0	4075	4084	4153	4104
	1	3735	3768	3854	3786
	3	3626	3648	3733	3669
	5	3518	3534	3621	3558
	7	3498	3523	3542	3521
	9	3485	3491	3540	3505
300	0	4188	4067	4043	4099
	1	3577	3451	3425	3484
	3	3408	3287	3303	3333

续表

温度/℃	循环次数/次	波速/(m/s) 试样1	试样2	试样3	波速平均值/(m/s)
300	5	3289	3189	3201	3226
	7	3221	3175	3157	3184
	9	3200	3159	3156	3172
400	0	4088	4097	4154	4113
	1	3141	3039	3087	3089
	3	2884	2763	2902	2850
	5	2687	2634	2741	2697
	7	2594	2671	2628	2631
	9	2590	2631	2612	2611

基于花岗岩的波速，可以确定花岗岩的损伤因子。花岗岩的损伤因子为

$$D = 1 - \left(\frac{C_T}{C_0}\right)^2 \tag{2.3}$$

式中，D 为损伤因子；C_T 为相应温度循环热处理后花岗岩波速；C_0 为常温花岗岩波速。

图 2.12 为不同温度下花岗岩损伤因子与循环热处理次数的关系。可以看出，随着循环热处理次数的增加，花岗岩的损伤因子不断增加。循环热处理次

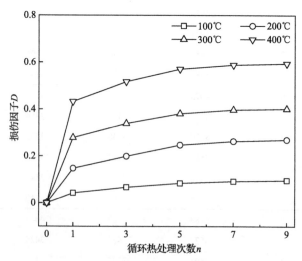

图 2.12 不同温度下花岗岩损伤因子与循环热处理次数的关系

数相同时,加热温度越高,花岗岩的损伤因子越大。从表 2.2 可以看出,第 1 次循环热处理后,花岗岩的损伤因子增长趋势最为明显。当加热温度分别为 100℃、200℃、300℃和 400℃时,第 1 次循环热处理后花岗岩的损伤因子分别达到了 0.042、0.147、0.278 和 0.432。随着循环热处理次数的增加,损伤因子继续增加,但增加速度逐渐放缓。第 7 次循环热处理后,花岗岩的损伤因子增长幅度较小。当加热温度分别为 100℃、200℃、300℃和 400℃时,第 9 次循环热处理后花岗岩的损伤因子分别达到了 0.097、0.269、0.401 和 0.594。

表 2.2 不同温度循环热处理后花岗岩的损伤因子

温度/℃	损伤因子					
	未加热	第 1 次循环	第 3 次循环	第 5 次循环	第 7 次循环	第 9 次循环
100	0	0.042	0.067	0.084	0.092	0.097
200	0	0.147	0.199	0.247	0.263	0.269
300	0	0.278	0.339	0.381	0.397	0.401
400	0	0.432	0.517	0.571	0.588	0.594

测量完花岗岩的波速和密度后,可以确定花岗岩的弹性模量。花岗岩的弹性模量为

$$E = \rho C_T^2 \tag{2.4}$$

式中,E 为弹性模量;ρ 为花岗岩密度。

图 2.13 为不同温度下花岗岩弹性模量与循环热处理次数的关系。可以看

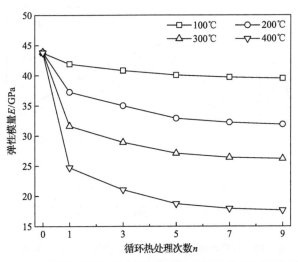

图 2.13 不同温度下花岗岩弹性模量与循环热处理次数的关系

出，随着循环热处理次数的增加，花岗岩的弹性模量不断降低。第 1 次循环热处理后，花岗岩弹性模量的下降幅度最为明显。从表 2.3 可以看出，当加热温度分别为 100℃、200℃、300℃和 400℃时，第 1 次循环热处理后花岗岩的弹性模量分别为未加热花岗岩弹性模量的 95.7%、85.2%、72.0%和 56.4%。随着循环热处理次数的增多，弹性模量继续降低，但下降速率逐渐变小。第 7 次循环热处理后，花岗岩的弹性模量下降幅度较小。当加热温度分别为 100℃、200℃、300℃和 400℃时，第 9 次循环热处理后花岗岩的弹性模量分别为未加热花岗岩弹性模量的 90.2%、72.8%、59.7%和 40.4%。

表 2.3　不同温度循环热处理后花岗岩的弹性模量

温度/℃	弹性模量/GPa					
	未加热	第 1 次循环	第 3 次循环	第 5 次循环	第 7 次循环	第 9 次循环
100	43.8	41.9	40.8	40.1	39.7	39.5
200	43.8	37.3	35.0	32.9	32.2	31.9
300	43.9	31.6	28.9	27.1	26.4	26.2
400	43.8	24.7	21.1	18.7	17.9	17.7

2.5.2　不同冷却方式处理后花岗岩波速测试

图 2.14 为自然冷却和水冷却后花岗岩波速与温度的关系。可以看出，随着加热温度的升高，自然冷却和水冷却后花岗岩的波速均不断降低。当加热温度

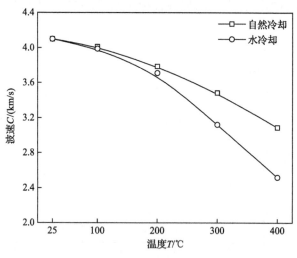

图 2.14　自然冷却和水冷却后花岗岩波速与温度的关系

分别为 100℃、200℃、300℃和 400℃时，自然冷却后花岗岩的波速比常温时花岗岩的波速分别下降了 2.1%、7.7%、15.0%和 24.7%，水冷却后花岗岩的波速比常温时花岗岩的波速分别下降了 2.4%、9.3%、23.6%和 38.4%。相比于自然冷却，水冷却后花岗岩波速下降的幅度更大。从表 2.4 可以看出，随着加热温度的升高，自然冷却和水冷却后花岗岩波速的差值也在逐渐增加。温度从 25℃升高到 200℃时，自然冷却和水冷却后花岗岩波速的差值较小，两者波速差值从 11m/s 增加到 76m/s。当温度升高至 300℃时，自然冷却和水冷却后花岗岩波速的差值快速增加，两者波速的差值增加到 362m/s。当温度升高至 400℃时，自然冷却和水冷却后花岗岩波速的差值达到最大，两者波速的差值达到 570m/s。

表 2.4 自然冷却和水冷却后不同温度热处理后花岗岩的波速

温度/℃	波速/(m/s)	
	自然冷却	水冷却
25	4100	4089
100	4012	3989
200	3786	3710
300	3484	3122
400	3089	2519

图 2.15 为自然冷却和水冷却后花岗岩损伤因子与温度的关系。可以看出，随着加热温度的升高，自然冷却和水冷却后花岗岩的损伤因子均不断增加。相

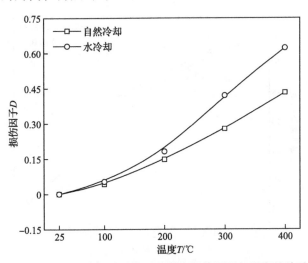

图 2.15 自然冷却和水冷却后花岗岩损伤因子与温度的关系

比于自然冷却，水冷却后花岗岩损伤因子增加的幅度更大。从表 2.5 可以看出，随着加热温度的升高，自然冷却和水冷却后花岗岩损伤因子的差值也在逐渐增加。

表 2.5　自然冷却和水冷却后不同温度热处理后花岗岩的损伤因子

温度/℃	损伤因子	
	自然冷却	水冷却
25	0	0
100	0.042	0.048
200	0.147	0.177
300	0.278	0.417
400	0.432	0.620

图 2.16 为自然冷却和水冷却后花岗岩弹性模量与温度的关系。可以看出，随着加热温度的升高，自然冷却和水冷却后花岗岩的弹性模量均不断降低。从表 2.6 可以看出，当加热温度分别为 100℃、200℃、300℃ 和 400℃ 时，自然冷却后花岗岩的弹性模量比常温时的弹性模量分别下降了 4.3%、14.8%、27.8% 和 43.3%，水冷却后花岗岩的弹性模量比常温时的弹性模量分别下降了 4.8%、17.7%、41.7% 和 62.0%。相比于自然冷却，水冷却后花岗岩的弹性模量下降的幅度更大。随着加热温度的升高，自然冷却和水冷却后花岗岩弹性模量的差值也在逐渐增加。当加热温度从 100℃ 升高到 400℃，自然冷却和水冷却后花岗岩弹性模量的差值由 0.5GPa 增长至 8.3GPa。

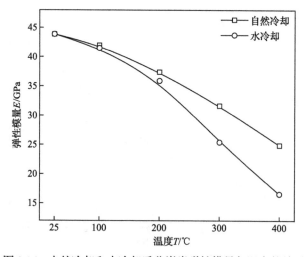

图 2.16　自然冷却和水冷却后花岗岩弹性模量与温度的关系

表 2.6　自然冷却和水冷却后不同温度热处理后花岗岩的弹性模量

温度/℃	弹性模量/GPa	
	自然冷却	水冷却
25	43.9	43.6
100	42.0	41.5
200	37.4	35.9
300	31.7	25.4
400	24.9	16.6

第3章 基于分离式霍普金森压杆的岩体动态力学试验

地震扰动、钻探作业和机械施工等产生的动荷载会导致岩体工程的失稳和破坏。因此，研究动荷载作用下岩体的动态力学性能，对于评估岩体工程的安全性和稳定性具有重要意义。SHPB 试验是一种研究材料在中高应变率范围内动态力学特性的重要方法。本章系统阐述了 SHPB 试验的试验原理、试样制备、试验装置和试验步骤，分析了动荷载作用下岩体的动态力学特性。

3.1 试验理论

在 SHPB 试验中，控制气枪射出子弹，当子弹撞击入射杆的自由端时，会产生入射波并沿入射杆向试样传播。当入射波传播至杆-试样界面时，由于弹性杆和试样的波阻抗不同，应力波会发生反射和透射。在此过程中，由粘贴在入射杆中间的应变片采集入射波信号和反射波信号，由粘贴在透射杆中间的应变片采集透射波信号。在应力波传播过程中，试样的受力状态如图 3.1 所示。基于一维应力波传播理论，可以分别得到入射杆与试样接触端面、透射杆与试样接触端面的应变。

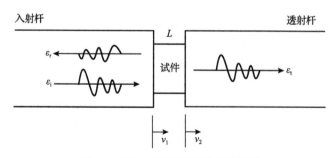

图 3.1 SHPB 试验试样受力示意图

入射杆与试样接触端面的速度为

$$v_1 = C_b(\varepsilon_i - \varepsilon_r) \tag{3.1}$$

式中，C_b 为试样两端弹性杆的波速；v_1 为入射杆与试样接触端面的速度；ε_i 为入射应变；ε_r 为反射应变。

透射杆与试样接触端面的速度为

$$v_2 = C_b \varepsilon_t \tag{3.2}$$

式中，v_2 为透射杆与试样接触端面的速度；ε_t 为透射应变。

试样的应变率为

$$\dot{\varepsilon} = \frac{v_1 - v_2}{L} = \frac{C_b}{L}(\varepsilon_i - \varepsilon_r - \varepsilon_t) \tag{3.3}$$

将式(3.3)积分得到应变为

$$\varepsilon = \int_0^t \dot{\varepsilon} dt = \frac{C_b}{L} \int_0^t (\varepsilon_i - \varepsilon_r - \varepsilon_t) dt \tag{3.4}$$

式中，L 为试样长度；$\dot{\varepsilon}$ 为试样的应变率；ε 为试样的应变。

入射杆与试样接触端面的应力为

$$\sigma_1 = \frac{A_b}{A_s} E_b (\varepsilon_i + \varepsilon_r) \tag{3.5}$$

式中，A_b 为弹性杆的横截面积；A_s 为试样的横截面积；E_b 为弹性杆的弹性模量；σ_1 为入射杆与试样接触端面的应力。

透射杆与试样接触端面的应力为

$$\sigma_2 = \frac{A_b}{A_s} E_b \varepsilon_t \tag{3.6}$$

式中，σ_2 为透射杆与试样接触端面的应力。

试样的平均应力为

$$\sigma = \frac{\sigma_1 + \sigma_2}{2} = \frac{A_b}{2A_s} E_b (\varepsilon_i + \varepsilon_r + \varepsilon_t) \tag{3.7}$$

式中，σ 为试样的平均应力。

3.2 试样制备

图 3.2 为 SHPB 试验中使用的砂岩试样，该试样来源于中国云南省。根据国际岩石力学学会推荐的方法，为了满足试样内应力均匀分布，将试样加工成长度

为25mm、直径为50mm(长径比为0.5)的标准试样,如图3.2(a)所示。为了满足试样端面与弹性杆紧密接触,对试样两端进行打磨和抛光,确保试样端面不平整度在0.025mm以内。然后,对试样进行X射线衍射(X-ray diffraction, XRD)试验以获得试样的矿物成分。从图3.2(b)可以看出,试样内石英的含量为63.0%,方解石的含量为12.8%,斜长石的含量为10.0%,黏土矿物的含量为8.5%,钾长石的含量为3.2%,赤铁矿的含量为1.7%,云母的含量为0.8%。为了减少试样的差异性对试验结果的影响,选择具有相近波速的试样进行测试。

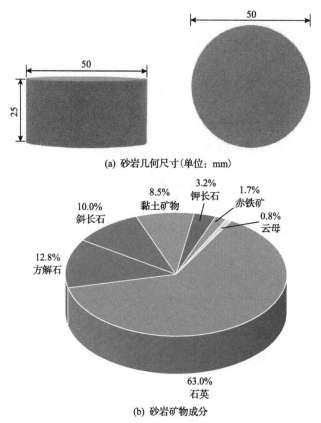

(a) 砂岩几何尺寸(单位: mm)

(b) 砂岩矿物成分

图3.2 SHPB试验中使用的砂岩试样

图3.3为SHPB试验中使用的花岗岩试样,该试样来源于中国湖南省。根据国际岩石力学学会推荐的方法,为了使试样内应力均匀分布,将花岗岩加工成长度为25mm、直径为50mm(长径比为0.5)的圆柱形试样,如图3.3(a)所示。为了满足试样端面与弹性杆紧密接触的要求,对试样两端进行打磨和抛光,确保试样端面不平整度在0.025mm以内。对试样进行电子显微镜扫描和XRD试验,分析

试样的细观结构和矿物成分,如图3.3(b)和(c)所示。可以看出,所使用的试样致密性良好,试样内石英的含量为31.1%,钾长石的含量为27.7%,斜长石的含量为22.6%,绿泥石的含量为11.0%,伊利石矿物的含量为7.6%。

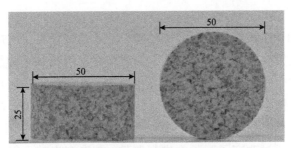

(a) 花岗岩几何尺寸(单位:mm)

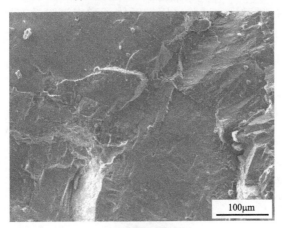

(b) 花岗岩电镜扫描图

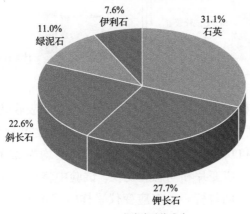

(c) 花岗岩矿物成分

图3.3 SHPB试验中使用的花岗岩试样

3.3 试验装置及步骤

1. 试验装置

图 3.4 为 SHPB 试验装置示意图。SHPB 试验装置主要由加载装置、杆组件和数据采集装置 3 个部分组成。其中加载装置由气枪和子弹组成。通过控制气枪释放压缩空气推动子弹与入射杆发生撞击。在气枪出口处设置泄压孔，使子弹以恒定速度撞击入射杆。通过激光测速仪记录撞击速度。撞击速度可以通过改变气枪中压缩气体压力以及子弹与气枪出口的距离进行调整。撞击产生的入射波波长可以通过改变子弹长度进行调整。撞击产生的入射波波形可以通过改变子弹形状进行调整。本试验采用纺锤体子弹来消除动态冲击测试中入射波的高频振荡，产生半正弦入射波，实现试样在加载过程中的均匀变形和应力平衡，适用于脆性材料的中高应变率加载。

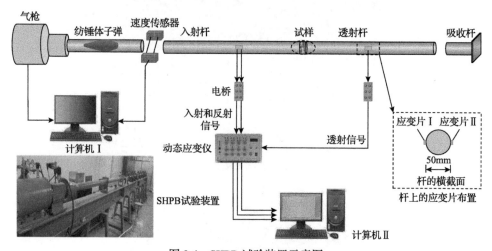

图 3.4　SHPB 试验装置示意图

杆组件包括入射杆、透射杆、吸收杆和端部的动能吸收装置。所有杆件均由 48CrMoA 高强度合金钢材料制作，其密度、弹性模量和泊松比分别为 7850kg/m^3、210GPa 和 0.24。入射杆和透射杆的长度均为 2500mm。

数据采集装置包括应变片和动态应变仪。试验中将应变片分别粘贴在入射杆中间位置和透射杆中间位置。动态应变仪采样时间不少于 10ms，采样频率为 10MHz。

2. 试验步骤

在动态冲击试验中,首先将试样放置于入射杆和透射杆之间。然后,控制气枪射出子弹。当子弹撞击入射杆的自由端时,会产生入射波并沿入射杆向试样传播。由于试样和弹性杆的波阻抗不同,当入射波传播到杆-试样界面时会发生透射和反射。通过入射波、反射波和透射波计算得到试样的动态应力-应变关系。其具体试验步骤如下:

(1) 对齐子弹、入射杆、透射杆和吸收杆的轴线。

(2) 将端面涂抹凡士林的试样放置于入射杆和透射杆之间,确保入射杆与试样接触面、透射杆与试样接触面无间隙,调整试样位置使试样轴线与弹性杆轴线一致。

(3) 在入射杆中间与透射杆中间分别粘贴应变片,将应变片与应变盒连接。

(4) 调整子弹位置和冲击气压,使压缩空气驱动子弹冲击入射杆产生应力波。

(5) 采用动态应变仪记录实测入射波、反射波和透射波,并将其保存至数据存储器中。

(6) 收集冲击破坏后的试样碎块,重新开始下一次试验。

3.4 试验结果及分析

图 3.5 为冲击过程中记录的典型应力波。可以看出,利用冲击装置对入射

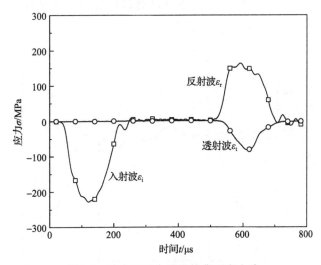

图 3.5 冲击过程中记录的典型应力波

ε_i. 通过入射杆应变片向右传播的入射波;ε_r. 通过入射杆应变片向左传播的反射波;
ε_t. 通过透射杆应变片向右传播的透射波

杆施加动荷载后,产生的入射波在入射杆中传播。由于试样和入射杆的波阻抗不同,当入射波传播到杆-试样接触面时会发生反射和透射。

图 3.6 为试样两端动态应力平衡验证。可以看出,入射波的应力幅值加上反射波的应力幅值等于透射波的应力幅值,表明试样处于应力平衡状态。

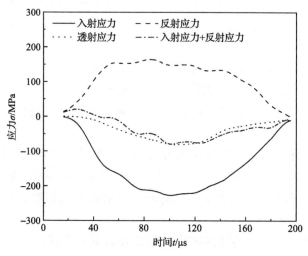

图 3.6　试样两端动态应力平衡验证

图 3.7 为应力波作用下平均应变率确定示意图。可以看出,在应力波作用下,随着时间的增加,试样的应变率先快速增加,然后趋于平稳,最后减小至零。应力波作用下试样的平均应变率可以通过应变率趋于平稳的阶段确定。在应力波作用下试样的平均应变率为 287.5s^{-1}。

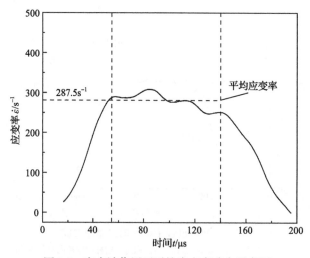

图 3.7　应力波作用下平均应变率确定示意图

图 3.8 为 SHPB 试验中试样的动态应力-应变曲线。可以看出，动态应力-应变曲线大致可以分为三个阶段，包括线弹性阶段、屈服阶段和破坏阶段。在线弹性阶段，应力随着应变的增加呈线性增加。在屈服阶段，应力随着应变的增加而非线性增加到峰值。在破坏阶段，应力随着应变的进一步增加而逐渐减小，试样在此阶段破坏。此时试样的动态峰值应力为 81.6MPa，动态峰值应力对应的应变为 2.08×10^{-2}。

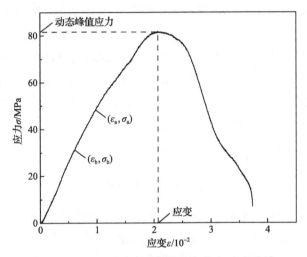

图 3.8　SHPB 试验中试样的动态应力-应变曲线

试样的弹性模量为

$$E_s = \frac{\sigma_a - \sigma_b}{\varepsilon_a - \varepsilon_b} \tag{3.8}$$

式中，E_s 为弹性模量；σ_a 为峰值应力的 60%；σ_b 为峰值应力的 40%；ε_a 为 σ_a 对应的应变；ε_b 为 σ_b 对应的应变。

从图 3.8 可以看出，σ_a 为 49.0MPa，ε_a 为 9.9×10^{-3}，σ_b 为 32.6MPa，ε_b 为 6.3×10^{-3}。根据式(3.8)可以得到试样的弹性模量为 4.6GPa。

3.5　高温岩体冲击试验案例

3.5.1　多种冷却方式下高温砂岩的 SHPB 试验步骤

砂岩试样的目标加热温度设置为 5 组，分别为 25℃、200℃、400℃、600℃ 和 800℃。为了确保试验的准确性，每种温度在相同加载条件下采用 3 块试样。

首先采用 2.5℃/min 的加热速率将试样加热至目标温度，以避免快速加热期间产生的热冲击。然后将试样在预定的温度下恒温 2h，使试样内外温度分布均匀。

对试样进行加热处理后，立即将试样从高温箱中取出，分别放入水和液氮中快速冷却 1h 以及在空气中自然缓慢冷却。经过测试，水冷却的平均冷却速率为 71.4~156.2℃/min，液氮冷却的平均冷却速率为 133.3~188.8℃/min，自然冷却的平均冷却速率为 5.1~14.3℃/min。此外，为了减少试样中初始水分的影响，当试样冷却至室温后，将其放入干燥箱中干燥 24h，然后进行下一步的动态冲击试验。

在动态冲击试验中，试样被放置于入射杆和透射杆之间，试样两端涂有凡士林，以减少端部摩擦。通过控制气枪射出子弹并撞击入射杆的自由端。然后，在入射杆中产生的入射波传播至试样中。通过调整冲击气压和子弹位置可以获得不同应变率下试样的动态应力-应变关系。

3.5.2 多种冷却方式下高温砂岩的动态压缩力学特性

1. 不同温度和不同冷却方式处理后砂岩的动态应力-应变关系

图 3.9 为不同温度和不同冷却方式处理后试样的动态应力-应变曲线。可以看出，所有的动态应力-应变曲线均表现出相似的特征，大致可以分为线弹性阶段、屈服阶段和破坏阶段。在线弹性阶段，随着应变的增加，应力线性增加。在屈服阶段，随着应变的增加，应力非线性增加至峰值。在破坏阶段，随着应变的增加，应力逐渐减小，试样在此阶段发生破坏。当加热温度达到 600℃ 和

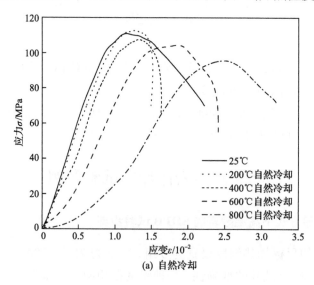

(a) 自然冷却

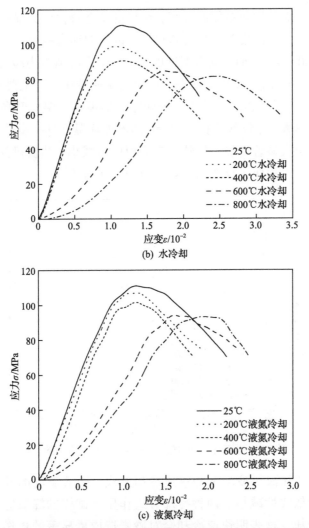

图 3.9 不同温度和不同冷却方式处理后试样的动态应力-应变曲线

800℃时，试样在不同的冷却方式下的动态应力-应变曲线中均出现了显著的压密阶段。此外，随着加热温度的升高，三种冷却方式处理后的试样动态峰值应力逐渐减小，动态峰值应力对应的应变逐渐增加。

2. 温度和冷却方式对砂岩动态峰值应力的影响

为了进一步研究试样的动态力学性能，对试样的动态应力-应变曲线进行分析，得到了试样的动态峰值应力、动态峰值应力对应的应变和弹性模量。

图 3.10 为温度和冷却方式对试样动态峰值应力的影响。可以看出，在所有

的冷却方式下，随着加热温度的升高，试样的动态峰值应力显著减小。在自然冷却方式下，当加热温度为 25~200℃时，试样的动态峰值应力略有增加。当加热温度为 200~400℃时，随着温度的升高，动态峰值应力缓慢减小。当加热温度为 400~800℃时，试样的动态峰值应力快速减小。这主要是因为在 25~200℃范围内，不同矿物之间的不均匀膨胀变形很小。温度升高过程中砂岩内某些矿物发生膨胀，导致部分孔隙闭合。随着加热温度进一步升高至 400℃时，矿物的不均匀膨胀显著增加，导致动态峰值应力减小。当温度达到 573℃时，试样中的石英发生相变，导致动态峰值应力快速减小。

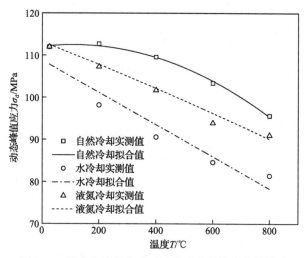

图 3.10　温度和冷却方式对试样动态峰值应力的影响

对于水冷却和液氮冷却两种快速冷却方式，随着温度的升高，试样的动态峰值应力近似线性减小。两种冷却方式作用下试样的峰值应力减小速率明显快于自然冷却，这表明快速冷却会对砂岩造成更显著的损伤。当加热温度为 200℃时，试样在水和液氮冷却方式下的动态峰值应力分别为 98.18MPa 和 109.08MPa，与室温相比分别降低了 12.34%和 2.61%。当加热温度升高到 800℃时，试样在水和液氮冷却下的动态峰值应力分别为 81.41MPa 和 91.02MPa，与室温相比分别降低了 27.32%和 18.73%。三种冷却方式下，水冷却试样的动态峰值应力最小，这表明在相同的高温处理后，水冷却对砂岩的动态峰值应力影响最显著。

3. 温度和冷却方式对砂岩峰值应力对应的应变的影响

图 3.11 为温度和冷却方式对试样应变的影响。可以看出，随着加热温度的

升高,三种冷却方式处理后试样的应变均逐渐增加。当加热温度低于400℃时,应变随着加热温度的升高略有增加。当加热温度为400~600℃时,应变随着加热温度的升高迅速增加。当加热温度为600℃时,在自然冷却、水冷却和液氮冷却方式下,试样的应变分别为1.85×10^{-2}、1.74×10^{-2}和1.61×10^{-2},与室温下相比,分别增加了62.57%、52.90%和41.48%。当加热温度超过600℃时,应变随着加热温度的升高急剧增加。当加热温度为800℃时,在自然冷却、水冷却和液氮冷却方式下,试样的应变分别达到2.48×10^{-2}、2.45×10^{-2}和2.11×10^{-2}。与室温下相比,分别增加了118.19%、115.64%和85.59%。这主要是因为水和液氮的快速冷却使得试样的温度急剧下降。淬火效应增加了试样的脆性,降低了试样塑性变形的能力,导致与自然冷却相比,试样的峰值应变略有减小。

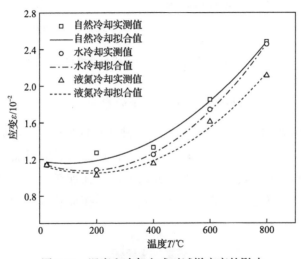

图3.11 温度和冷却方式对试样应变的影响

4. 温度和冷却方式对砂岩弹性模量的影响

图3.12为温度和冷却方式对试样弹性模量的影响。可以看出,水冷却方式下试样的弹性模量下降速度最快,其次是液氮冷却,最后是自然冷却。三种冷却方式处理后试样的弹性模量均随着加热温度的升高逐渐减小。当加热温度低于400℃时,试样的弹性模量随着加热温度的升高略有减小。当加热温度为400℃时,自然冷却、水冷却和液氮冷却方式下试样的弹性模量分别比室温减小了5.36%、8.47%和19.41%。当加热温度超过400℃时,试样的弹性模量迅速减小。特别是在800℃时,自然冷却、水冷却和液氮冷却方式下试样的弹性模量分别减小至4.36GPa、3.81GPa和2.98GPa,与室温相比弹性模量分别减小

了 68.43%、72.41%和 78.42%。

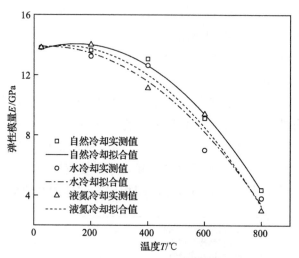

图 3.12 温度和冷却方式对试样弹性模量的影响

5. 温度和冷却方式对砂岩宏观破碎特征的影响

图 3.13 为温度和冷却方式对试样宏观破碎特征的影响。可以看出，随着加热温度的升高，三种冷却方式下试样的冲击破碎程度逐渐增加，从室温下的大块变为小块甚至粉末。其中，水冷却方式下试样在加热温度为 25~200℃时表现为轴向开裂，自然冷却和液氮冷却方式下试样在加热温度为 25~400℃时表

(a) 25℃

自然冷却

水冷却

(b) 200℃

液氮冷却

自然冷却　　　　　水冷却　　　　　液氮冷却
(c) 400℃

自然冷却　　　　　水冷却　　　　　液氮冷却
(d) 600℃

自然冷却　　　　　水冷却　　　　　液氮冷却
(e) 800℃

图 3.13　温度和冷却方式对试样宏观破碎特征的影响

现为轴向开裂。随着加热温度的升高，试样的破碎程度逐渐增加。当加热温度达到 600℃时，三种冷却方式下试样被破碎成碎块，并伴随粉末的出现。随着加热温度升高至 800℃时，三种冷却方式下试样的破碎程度最大，试样的碎片数量最多，试样的碎片尺寸最小，碎片中粉末含量最大。此外，在相同的加热温度下，水冷却方式下试样的破碎程度最大，明显大于液氮冷却和自然冷却。

6. 温度和冷却方式对砂岩平均破碎块度的影响

将动态冲击试验后的试样碎片进行收集，进行不同孔径（1mm、2mm、5mm、10mm、20mm）的标准筛分试验，引入平均破碎块度来定量分析试样的破碎程度。平均破碎块度越小，表明试样的破碎程度越大。试样的平均破碎块度为

$$\bar{d} = \frac{\sum_{i=1}^{n} r_i d_i}{\sum_{i=1}^{n} r_i} \tag{3.9}$$

式中，$\bar{d}$ 为平均破碎块度；d_i 为不同体积的标准筛中的平均碎片尺寸；r_i 为与 d_i 相对应的碎片质量占比。

图 3.14 为温度和冷却方式对试样平均破碎块度的影响。可以看出，随着加热温度的升高，三种冷却方式下试样的平均破碎块度逐渐减小，表明试样的破碎程度逐渐增加。当加热温度低于 400℃时，自然冷却和液氮冷却方式下试样的平均破碎块度均略有减小。当加热温度在 400~800℃时，试样的平均破碎块度迅速减小，试样的破碎程度急剧增加。当加热温度为 800℃时，自然冷却和液氮冷却方式下试样的平均破碎块度分别比室温减小了 50.45%和 71.08%。水冷却方式下试样的平均破碎块度随着温度的升高而线性减小。当加热温度为 800℃时，水冷却方式下试样的平均破碎块度仅为室温下的 18.66%，表明水冷却对砂岩力学性能的劣化有显著影响。此外，在相同的加热温度下，水冷却方式下试样的平均破碎块度最小，表明水冷却方式下试样破碎程度最大，自然冷却方式下试样破碎程度最小。其原因为水冷却会对试样造成二次温度损伤，而且砂岩中的一些矿物可溶于水，水的软化作用会导致砂岩的性能进一步劣化。而对于液氮冷却方式下，巨大的温差造成的热损伤使试样的破碎程度大于自然冷却方式下的破裂程度。

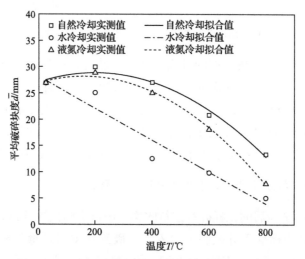

图 3.14 温度和冷却方式对试样平均破碎块度的影响

7. 温度和冷却方式对砂岩损伤因子的影响

不同的温度和冷却方式会对试样造成热冲击损伤，从而劣化试样的物理和力学性能。不同的温度和冷却方式处理后试样的损伤因子可通过式(2.3)得到。

图 3.15 为温度和冷却方式对试样损伤因子的影响。可以看出，随着加热温度的升高，三种冷却方式下试样的损伤因子逐渐增加。对于水冷却方式，试样的损伤因子随着温度的升高而近似线性增加。当加热温度为 200℃时，自然冷却、水冷却和液氮冷却方式下试样的损伤因子分别为 –0.089、0.167 和 0.109。

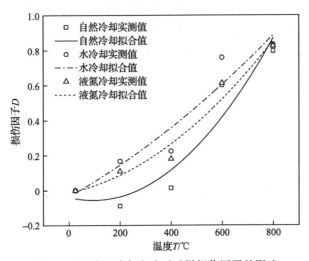

图 3.15　温度和冷却方式对试样损伤因子的影响

相比于常温，矿物颗粒的热膨胀导致的孔隙闭合提高了试样的密实度，使自然冷却方式下试样的波速大于常温试样的波速，导致了自然冷却方式下试样损伤因子的降低。当加热温度为 25～400℃时，三种冷却方式下试样的损伤因子增长比较缓慢。当加热温度为 400～800℃时，随着加热温度的升高，三种冷却方式下试样的损伤因子显著增加。在该阶段，当加热温度达到 573℃时，石英颗粒发生相变。同时，由于矿物颗粒的各向异性和矿物颗粒膨胀性的差异，试样的细观结构表现出不均匀膨胀，导致试样的微裂纹显著增加。当加热温度达到 800℃时，试样在自然冷却、水冷却和液氮冷却方式下损伤因子均达到最大值，分别为 0.796、0.832 和 0.824。此外，在相同的加热温度下，水冷却和液氮冷却方式下试样的损伤大于自然冷却方式下试样的损伤。相比于液氮冷却方式，由于水的软化作用，水冷却方式下试样的损伤更为严重。

3.5.3 水冷却方式下高温花岗岩的循环冲击 SHPB 试验步骤

花岗岩试样的加热温度设置为 6 组，分别为 25℃、200℃、400℃、500℃、600℃和 800℃。为了保证试验的准确性，每种温度在相同加载条件下均采用 3 块试样。首先，以 2.5℃/min 的加热速率将试样加热至目标温度，以避免快速加热对试样造成的热冲击。然后，将试样在预定的温度下恒温 3h，使试样内外温度分布均匀。

对试样进行加热处理后，立即将试样从高温箱中取出，放入水中快速冷却 1h。图 3.16 为加热和冷却过程中试样温度与时间关系的示意图。可以看出，在水冷却过程中，试样温度随冷却时间的增加非线性减小，冷却速率随着冷却时间的增加而减小。此外，为了减少试样中初始水分的影响，当试样冷却至室温后，将其放入干燥箱中干燥 24h，然后进行下一步循环动态冲击试验。

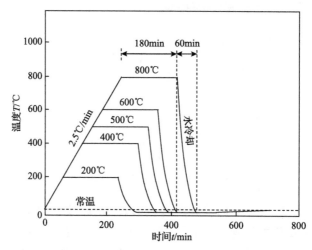

图 3.16 加热和冷却过程中试样温度与时间关系的示意图

在循环动态冲击试验中，应首先确定应力波的幅值。岩石材料存在一个损伤阈值和一个临界破坏应力，当岩石受到的入射应力低于其损伤阈值时，岩石不会显著损伤。当岩石受到的入射应力大于其临界破坏应力时，岩石内部的裂纹迅速扩展，单次冲击将导致岩石发生破坏。当岩石受到的入射应力介于损伤阈值和临界破坏应力之间时，岩石内部的裂纹低速扩展，岩石在循环荷载作用下逐渐受损直至破坏。在本章中，由于试样经历不同高温的加热处理，受到不同程度的热损伤。为了确保所有样品在恒定幅值应力下反复冲击直至失效，对试样进行了一系列冲击试验，最终确定了试样的冲击气压分别为 0.20MPa、0.25MPa 和 0.30MPa。

3.5.4 多次循环冲击下水冷却花岗岩的动态压缩力学特性

1. 不同温度热处理后试样表面裂纹分布

图 3.17 为不同温度热处理后试样表观图像。可以看出，水冷却方式处理后对试样表面颜色和宏观裂纹发展有显著的影响。当加热温度为 25~400℃时，试样的表面保持完好，并且没有明显的颜色变化。当加热温度为 500℃时，在试样的表面没有观察到宏观裂纹，试样的颜色逐渐变浅。当加热温度进一步升高至 600℃时，在试样的表面没有观察到宏观裂纹，但是颜色变化更加明显。然后，当加热温度达到 800℃时，试样表面出现了大量的穿晶裂纹，并且部分裂纹表现出明显的贯通，试样发生剥落，试样的完整性被破坏，表明高温对试样造成显著影响。

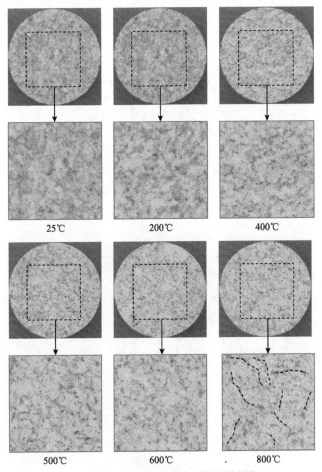

(a) 不同温度热处理后试样表面裂纹放大图像

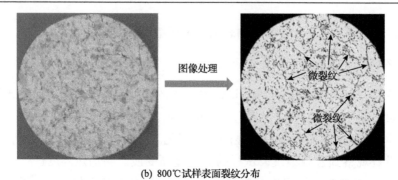

(b) 800℃试样表面裂纹分布

图 3.17 不同温度热处理后试样表观图像

2. 不同温度和循环冲击次数下试样的动态应力-应变关系

图 3.18 为 0.2MPa 冲击气压下不同温度热处理后试样的循环冲击应力-应变

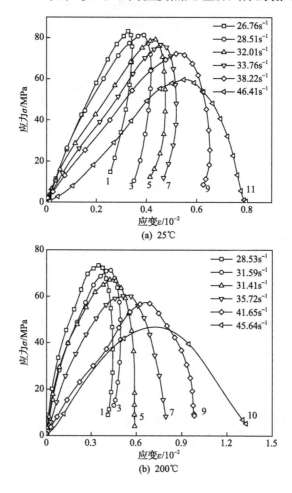

(a) 25℃

(b) 200℃

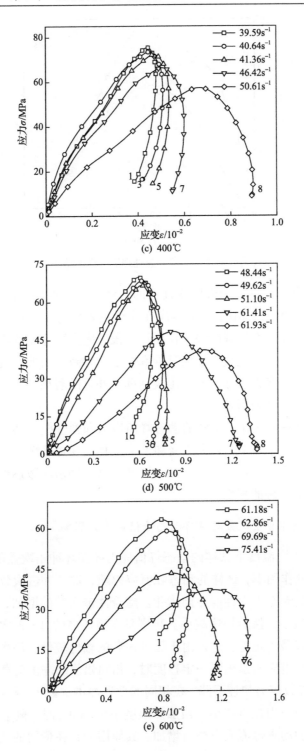

(c) 400℃

(d) 500℃

(e) 600℃

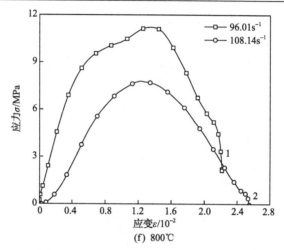

(f) 800℃

图 3.18　0.2MPa 冲击气压下不同温度热处理后试样的循环冲击应力-应变曲线

曲线。可以看出，经过不同温度热处理的试样在不同循环冲击次数下的应力-应变曲线变化趋势几乎相同。应力-应变曲线主要分为三个典型阶段，即弹性阶段、屈服阶段和应力卸载阶段。在弹性阶段，应力随应变的增加而近似线性增加。在屈服阶段，细观裂纹逐渐延伸和扩展，导致应力非线性增加。在应力卸载阶段，轴向应变先增加，然后出现回弹。并且随着循环次数的增加，残余应变增加，回弹逐渐减弱。

在不同的加热温度下，试样的动态峰值应力和弹性模量随着循环冲击次数的增加逐渐减小，应变率、最大应变和不可恢复应变随着循环冲击次数的增加而逐渐增加。此外，随着温度的升高，试样的循环冲击次数逐渐减小，表明温度对试样造成了显著的损伤。

3. 温度和循环冲击次数对试样动态峰值应力的影响

图 3.19 为不同温度下试样的动态峰值应力随循环冲击次数的变化。可以看出，在不同温度作用下，试样的动态峰值应力随着循环冲击次数的增加逐渐减小，表明试样的动态力学性能逐渐劣化。随着冲击次数的增加，试样的动态峰值应力先缓慢减小，然后快速减小。特别是在破坏前的 1~2 次循环冲击中，试样的应力下降最为迅速。这是由于循环荷载的幅值较低，每次冲击对试样造成较小的损伤，当损伤累积到一定程度时，相同幅值的冲击荷载会对试样造成较大的损伤，导致应力快速下降。在相同的循环冲击次数下，随着温度的升高，试样的动态峰值应力显著减小。当加热温度小于 400℃时，随着循环冲击次数的增加，试样的动态峰值应力略有增加。其原因为：在最初的几次循环中，试

样内部分孔隙被压缩，试样变得更加致密，从而导致试样的强度增加。

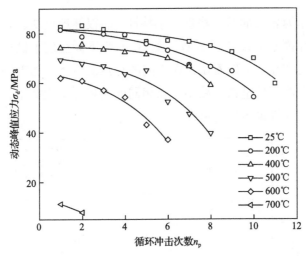

图 3.19　不同温度下试样的动态峰值应力随循环冲击次数的变化

4. 温度和冲击气压对试样动态峰值应力的影响

图 3.20 为在第 1 次循环冲击后不同加热温度下试样的动态峰值应力随冲击气压的变化。可以看出，随着冲击气压的增加，花岗岩试样的动态峰值应力线性增加。在相同的冲击气压下，随着加热温度的升高，试样的动态峰值应力逐渐减小。当加热温度达到 800℃时，试样的动态峰值应力显著下降。

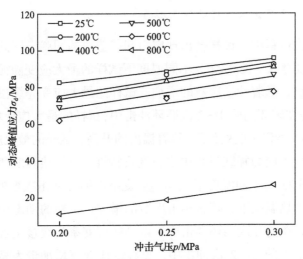

图 3.20　第 1 次循环冲击后不同加热温度下试样的动态峰值应力随冲击气压的变化

5. 温度和循环冲击次数对试样弹性模量的影响

弹性模量作为岩石的基本物理力学特性，能很好地反映岩石的损伤劣化程度。试样的弹性模量由式(3.8)计算。图 3.21 为不同温度下试样的弹性模量随循环冲击次数的变化。可以看出，在不同的加热温度下，随着循环冲击次数的增加，试样的弹性模量呈指数减小。在相同的循环冲击次数下，随着加热温度的升高，试样的弹性模量快速减小。

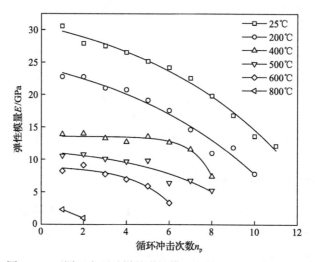

图 3.21　不同温度下试样的弹性模量随循环冲击次数的变化

6. 温度和循环冲击次数对试样变形特征的影响

在循环冲击过程中，试样会出现应力卸载造成的回弹，因此讨论试样的最大应变具有重要意义。图 3.22 为不同温度下试样的最大应变随循环冲击次数的变化。可以看出，随着冲击次数的增加，试样的最大应变先缓慢增加，然后快速增加。特别是在破坏前的 1~2 次循环冲击中，试样的最大应变增加最为显著。此外，在相同的循环冲击次数下，随着温度的升高，试样的最大应变显著增加。

应变率反映了应力加载过程中岩石变形特性，与加热温度和岩石加载条件密切相关。图 3.23 为不同温度下试样的应变率随循环冲击次数的变化。可以看出，在不同的加热温度下，随着冲击次数的增加，试样的动态应变率呈指数形式增加。同样，在前几次循环冲击中，试样的应变率先缓慢增加，然后显著增加。在试样失效前的 1~2 次冲击中，试样的应变率增加最为显著。在相同的循环冲击次数下，随着温度的升高，试样的应变率逐渐增加。当加热温度为

800℃时，试样的应变率显著大于加热温度为600℃时试样的应变率。

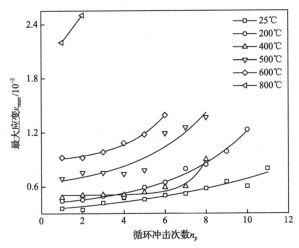

图 3.22　不同温度下试样的最大应变随循环冲击次数的变化

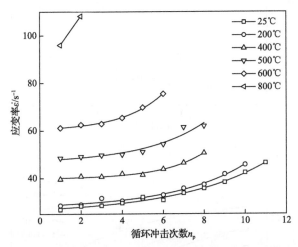

图 3.23　不同温度下试样的应变率随循环冲击次数的变化

7. 温度和循环冲击次数对试样反射能和透射能的影响

入射能、反射能、透射能和吸收能是 SHPB 试验中的四种基本能量。入射能是输入能量，其值越大，表明作用在试样上的冲击能量越大。反射能和透射能与试样内部的完整性相关。当入射能相同时，透射能越大，试样的致密性和均匀性越好。反射能越大，试样内部的缺陷越多，试样的损伤越严重。分析重复冲击过程中试样的能量变化有助于理解岩石的动态疲劳破坏。在 SHPB 试验中，根据一维应力波传播理论，入射波、反射波和透射波的能量计算公式为

$$\begin{cases} W_\mathrm{i} = E_\mathrm{b} C_\mathrm{b} A_\mathrm{b} \int_0^t \varepsilon_\mathrm{i}^2 \mathrm{d}t \\ W_\mathrm{r} = E_\mathrm{b} C_\mathrm{b} A_\mathrm{b} \int_0^t \varepsilon_\mathrm{r}^2 \mathrm{d}t \\ W_\mathrm{t} = E_\mathrm{b} C_\mathrm{b} A_\mathrm{b} \int_0^t \varepsilon_\mathrm{t}^2 \mathrm{d}t \end{cases} \tag{3.10}$$

式中，W_i 为入射能；W_r 为反射能；W_t 为透射能。

图 3.24 为不同温度下试样的反射能和透射能随循环冲击次数的变化。可以

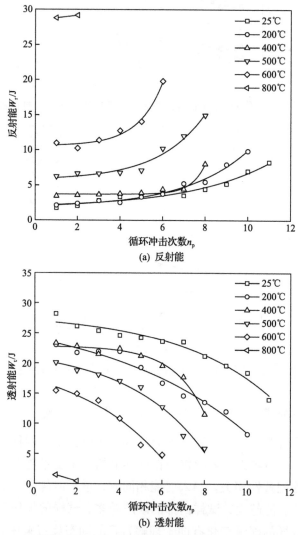

图 3.24 不同温度下试样的反射能和透射能随循环冲击次数的变化

看出，在不同的加热温度下，随着循环冲击次数的增加，花岗岩试样的反射能逐渐增加，透射能逐渐减小，并且反射能、透射能与循环冲击次数的变化关系符合指数函数形式。随着循环冲击次数的增加，试样的反射能和透射能逐渐增加。在试样失效前的 1~2 次循环冲击中，试样的变化速率最为显著。试样的能量变化与试样的损伤密切相关，试样的损伤程度越大，试样的透射能越小，反射能越大。在较低幅值的循环冲击下，试样的损伤程度先缓慢增加，然后快速增加。因此，试样的反射能先缓慢增加，然后快速增加。此外，加热温度对试样的反射能和透射能具有显著的影响。在相同的循环冲击次数下，随着温度的升高，试样的反射能增加，透射能减小。

8. 温度和循环冲击次数对试样吸收能的影响

在 SHPB 试验中，当入射波传播到试样时会发生反射和透射，产生反射能和透射能。此外，在循环冲击下试样会产生裂纹并发生扩展，导致岩石发生变形和破坏，此过程通常伴随着能量吸收、积累和耗散。

图 3.25 为不同温度下试样的吸收能随循环冲击次数的变化。可以看出，在不同的加热温度下，随着循环冲击次数的增加，试样的吸收能呈指数形式增加。随着循环冲击次数的增加，试样产生累积损伤，吸收能逐渐增加，当损伤到达一定程度时，吸收能快速增加，导致试样发生破坏。温度对试样的能量吸收也有显著的影响。当加热温度小于 600℃时，在相同的循环冲击次数下，随着加热温度的升高，试样吸收能逐渐增加。当加热温度为 800℃时，试样吸收能急

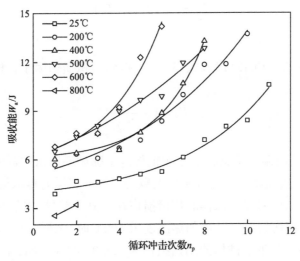

图 3.25 不同温度下试样的吸收能随循环冲击次数的变化

剧减小。相比于其他加热温度，加热温度为 800℃时，试样吸收能最小。其原因为当加热温度为 800℃时，试样的热损伤严重，试样只需要吸收较小的能量就会发生破坏。

9. 温度和循环冲击次数对试样累积损伤的影响

在经过不同温度热处理和循环冲击后，试样的总损伤不容忽视。试样的总损伤是温度和循环冲击荷载耦合作用的结果。加热引起的损伤因子计算公式为

$$D_\text{t} = 1 - \frac{E_{T,1}}{E_{25,1}} \tag{3.11}$$

式中，D_t 为加热引起的损伤因子；$E_{T,1}$ 为加热后试样在第 1 次循环冲击后的弹性模量；$E_{25,1}$ 是未加热试样在第 1 次循环冲击后的弹性模量。

由循环冲击引起的损伤因子计算公式为

$$D_\text{c} = 1 - \frac{E_{T,n}}{E_{T,1}} \tag{3.12}$$

式中，D_c 为循环冲击引起的损伤因子；$E_{T,n}$ 为热处理试样在第 n 次循环冲击后的弹性模量。

在热冲击和循环冲击耦合作用下试样的累积损伤因子计算公式为

$$D_\text{f} = D_\text{t} + D_\text{c}(1 - D_\text{t}) \tag{3.13}$$

式中，D_f 为累积损伤因子。

将式(3.11)和式(3.12)代入式(3.13)，得到累积损伤因子，即

$$D_\text{f} = 1 - \frac{E_{T,n}}{E_{25,1}} \tag{3.14}$$

图 3.26 为不同温度下试样的累积损伤因子随循环冲击次数的变化。可以看出，在不同的加热温度下，随着循环次数的增加，试样的累积损伤因子呈指数形式增加。不同加热温度下试样的初始损伤存在显著差异。当加热温度为 200℃时，试样的初始损伤为 0.254。当加热温度为 600℃时，试样的初始损伤为 0.730。当加热温度为 800℃时，试样的初始损伤为 0.920。结果表明，高温加热导致试样内部产生显著的热损伤，试样的力学性能劣化。当入射波幅值相同时，试样

在热处理作用下累积损伤逐渐增加，导致试样可承受的循环冲击次数减少。

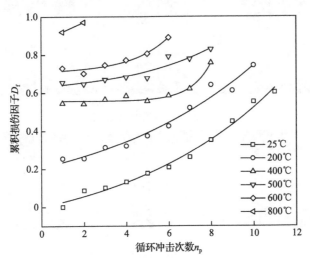

图 3.26　不同温度下试样的累积损伤因子随循环冲击次数的变化

10. 温度和循环冲击荷载作用下试样裂纹扩展

在 SHPB 试验中，通常采用高速摄像机捕捉花岗岩试样的渐进式断裂过程。当加热温度小于 600℃时，试样的破坏模式相似。因此可以选择加热温度为 600℃和 800℃的典型试样来分析破坏过程。

图 3.27 为 600℃时试样的裂纹扩展过程。可以看出，当循环冲击次数小于 4 次时，无法观察到试样表面宏观裂纹的发展。随着循环冲击次数的增加，在第 5 次冲击时，高速摄像机在 0.06ms 时捕捉到了平行于加载方向的纵向宏观裂纹。在冲击过程中，裂纹逐渐延伸扩展。在第 6 次循环冲击时，裂纹急剧扩展并贯通整个试样，导致试样发生破坏。在此冲击作用过程中，试样产生纵向宏观裂纹并进一步延伸扩展，直至贯通整个试样。最后，试样在多次循环冲击荷载作用下，沿纵向宏观裂纹破坏。

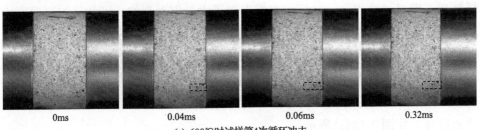

(a) 600℃时试样第4次循环冲击

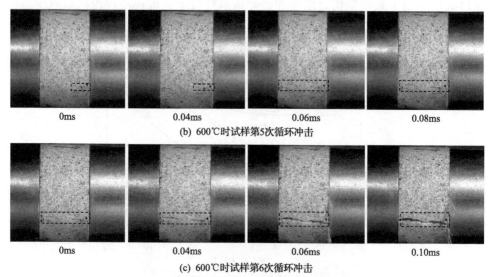

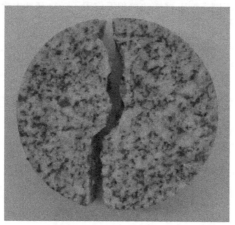

(d) 试样破坏

图 3.27 600℃时试样的裂纹扩展过程

图 3.28 为 800℃时试样的裂纹扩展过程。可以看出,800℃高温作用对试样造成了明显的热损伤,试样的表面出现了大量宏观裂纹,因此,加热温度为 800℃的试样在循环冲击荷载作用下的裂纹扩展模式与加热温度为 600℃的试样明显不同。第 1 次循环冲击后,试样表面预先存在的多条纵向裂纹同时延伸扩展,并且在第 2 次循环冲击过程中的 0.08ms 时,在试样表面出现了新的裂纹。试样在新裂纹的萌生扩展与原有裂纹的进一步延伸贯通的共同作用下发生严重破坏,如图 3.28(c)所示。

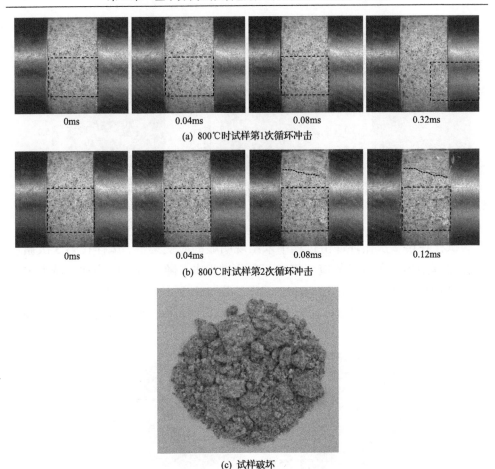

图 3.28 800℃时试样的裂纹扩展过程

基于数字图像相关技术,分析了循环冲击过程中花岗岩试样的最大主应变变化。图 3.29 为 600℃时试样最大主应变变化。可以看出,当加热温度为 600℃

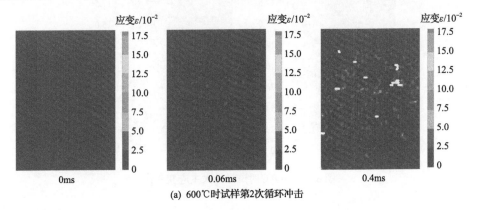

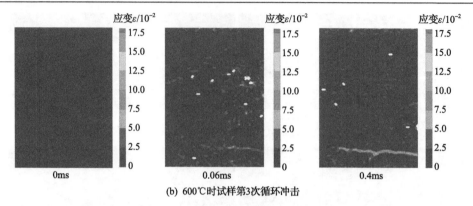

(b) 600℃时试样第3次循环冲击

图 3.29 600℃时试样最大主应变变化

时，试样在第 2 次循环冲击过程中未出现明显的应变集中。试样在第 3 次循环冲击过程中出现了明显的应变集中。在此过程中，随着时间的增加，最大主应变逐渐增加。在循环冲击过程中，试样始终只出现一处应变集中。

图 3.30 为 800℃时试样最大主应变变化。可以看出，当加热温度为 800℃时，

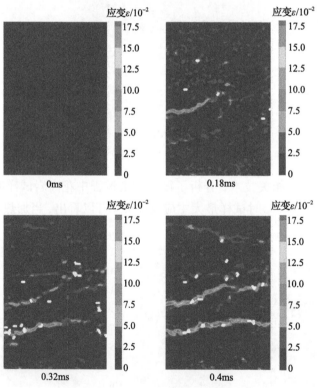

图 3.30 800℃时试样最大主应变变化

试样在第 1 次循环冲击过程中出现了多处应变集中。随着时间的增加，原有裂纹和新萌生的裂纹沿着应变集中的位置同时延伸扩展，导致试样发生严重破坏。

11. 裂纹扩展对试样动态峰值应力的影响

图 3.31 为 600℃时裂纹扩展对试样动态峰值应力的影响。可以看出，随着循环冲击次数的增加，试样表面逐渐出现裂纹并发生扩展，试样的动态峰值应力不断减小。在前 3 次循环冲击过程中，试样的动态峰值应力随着循环冲击次数的增加略有降低。与第 1 次循环冲击相比，试样在第 3 次循环冲击时的峰值应力降低了 8.0%。在前 3 次循环冲击过程中，试样表面上没有出现宏观裂纹。第 4 次循环冲击后，试样的动态峰值应力略有降低。在第 5 次循环冲击后，试样的动态峰值应力急剧下降，与第 4 次循环冲击相比试样的动态峰值应力下降了 20.6%。试样表面在第 4 次循环冲击后出现不明显的宏观裂纹，在第 5 次循环冲击后宏观裂纹快速扩展。试样在 6 次循环冲击后发生破坏。通过上述分析可以看到，在前几次循环冲击中，试样表面的宏观裂纹未发生贯穿，试样的动态峰值应力略有降低。随着循环冲击次数的增加，宏观裂纹快速延伸和扩展，试样的动态峰值应力显著降低。随着循环冲击次数的进一步增加，裂纹逐渐扩展至整个试样，导致试样破坏。

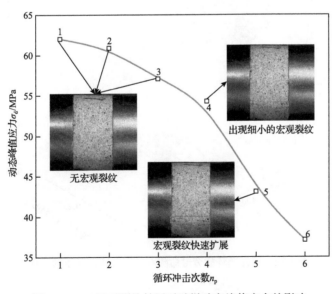

图 3.31　600℃时裂纹扩展对试样动态峰值应力的影响

12. 温度和循环冲击荷载作用下试样的疲劳寿命

图 3.32 为试样循环疲劳寿命随着温度和冲击气压的变化。可以看出，试样

能承受的循环冲击次数与处理温度和冲击气压(加载速率)呈负相关。在相同幅值的入射波作用下,随着处理温度的升高,试样能承受的循环冲击次数逐渐减少。同样,在相同的温度作用下,随着冲击气压(加载速率)的增加,花岗岩试样承受的循环冲击次数也逐渐减少。

基于回归分析,循环冲击次数与温度和冲击气压(加载速率)之间的关系式为

$$N = aT^2 + bT + cP^2 + dP + e \tag{3.15}$$

式中,a、b、c、d、e 为拟合系数;N 为试样能够承受的最大循环冲击次数;P 为冲击气压;T 为加热温度。

基于此,建立疲劳寿命预测模型,用于预测不同气压(加载速率)和不同温度作用下,花岗岩试样能承受的最大循环冲击次数,如图 3.32 所示。

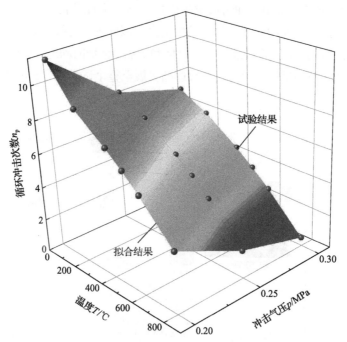

图 3.32 试样循环疲劳寿命随着温度和冲击气压的变化

第4章 细观裂隙岩体内应力波传播试验

岩体工程在施工和服役阶段会受到动荷载的作用。动荷载在岩体内以应力波的形式传播并发生幅值衰减和波形耗散等。如何分析、预测岩体内应力波传播是岩体动态稳定性分析亟须解决的难题。本章介绍了研究岩体内应力波传播特性的摆锤冲击试验,系统阐述了摆锤冲击试验的试验理论、试样制备、试验装置与试验步骤,分析了岩体内应力波传播特性。

4.1 试验理论

当岩杆受到冲击荷载时,岩杆内应力波传播的运动方程为

$$\rho_0 \frac{\partial v}{\partial t} = \frac{\partial \sigma}{\partial x} \tag{4.1}$$

式中,x 为质点坐标;t 为时间;v 为速度;ρ_0 为岩杆密度;σ 为应力。

岩杆内应力波传播的连续方程为

$$\frac{\partial v}{\partial x} = \frac{\partial \varepsilon}{\partial t} \tag{4.2}$$

式中,ε 为应变。

联立运动方程(4.1)和连续方程(4.2),可得

$$\frac{\partial^2 \sigma}{\partial x^2} = \rho_0 \frac{\partial^2 \varepsilon}{\partial t^2} \tag{4.3}$$

将式(4.3)进行傅里叶变换,可得

$$\frac{\partial^2 \tilde{\sigma}}{\partial x^2} = -\rho_0 \omega^2 \tilde{\varepsilon} \tag{4.4}$$

式中,$\tilde{\sigma}$ 为频域内的应力;$\tilde{\varepsilon}$ 为频域内的应变;ω 为角频率,$\omega = 2\pi f$,其中 f 为频率。

频域内岩体的本构关系为

$$\tilde{\sigma} = E^* \tilde{\varepsilon} \tag{4.5}$$

式中，E^* 为频域内的复模量。

复模量 E^* 为

$$E^* = E' + \mathrm{i}E'' \tag{4.6}$$

式中，E' 为储能模量；E'' 为损耗模量；i 为虚数单位。

频率相关的传播系数为

$$\gamma^2 = -\frac{\rho_0 \omega^2}{E^*} \tag{4.7}$$

式中，γ 为传播系数。

联立式(4.4)~式(4.7)，得到应力波在频域内的传播方程，即

$$\frac{\partial^2 \tilde{\varepsilon}}{\partial x^2} - \gamma^2 \tilde{\varepsilon} = 0 \tag{4.8}$$

式(4.8)的通解为

$$\tilde{\varepsilon} = P\exp(-\gamma x) + N\exp(\gamma x) \tag{4.9}$$

式中，P 为沿 x 的正方向传播的谐波分量幅值；N 为沿 x 的负方向传播的谐波分量幅值。P 和 N 由初始条件和边界条件确定。

假设岩杆左侧自由端位于 $x = x_0$ 处，右侧自由端位于 $x = x_2$ 处，应变片位于 $x = x_1$ 处，其中 $x_0 < x_1 < x_2$。当应力波在岩杆内从左侧向右侧传播时，由式(4.9)可知，应变片测量的压缩应变 ε_1 在频域内为

$$\tilde{\varepsilon}_1 = P\exp(-\gamma x_1) \tag{4.10}$$

应力波在岩杆内从左侧向右侧传播，到达岩杆右侧自由端会产生向左侧传播的反射拉伸波，由式(4.9)可知，应变片测量的拉伸应变 ε_2 在频域内为

$$\tilde{\varepsilon}_2 = N\exp(\gamma x_1) \tag{4.11}$$

当应力波在岩杆右侧自由端反射时，岩杆右侧自由端的应变始终为零。在

岩杆右侧自由端处，式(4.9)可表示为

$$\tilde{\varepsilon} = P\exp(-\gamma x_2) + N\exp(\gamma x_2) = 0 \tag{4.12}$$

联立式(4.10)~式(4.12)，可得

$$\exp[-2\gamma(x_2 - x_1)] = -\frac{\tilde{\varepsilon}_2}{\tilde{\varepsilon}_1} \tag{4.13}$$

传播系数、衰减系数和波数的关系为

$$\gamma = \alpha + \mathrm{i}k \tag{4.14}$$

式中，α 为衰减系数；k 为波数。

联立式(4.13)和式(4.14)，可得衰减系数和波数分别为

$$\alpha = -\mathrm{Re}\left[\frac{1}{l}\ln\left(-\frac{\tilde{\varepsilon}_2}{\tilde{\varepsilon}_1}\right)\right] \tag{4.15}$$

和

$$k = -\mathrm{Im}\left[\frac{1}{l}\ln\left(-\frac{\tilde{\varepsilon}_2}{\tilde{\varepsilon}_1}\right)\right] \tag{4.16}$$

式中，Re 为复数表达式的实部；Im 为复数表达式的虚部；l 为应变 ε_1 和应变 ε_2 之间的传播距离。

4.2　试　样　制　备

图 4.1 为试验采用的花岗岩杆。花岗岩杆主要由云母、长石和石英组成。为了满足一维应力波传播理论的要求并有效地减少横向效应，岩杆长度应大于岩杆直径的 10 倍。测试采用平均直径为 45mm 的圆柱形花岗岩杆。为了分离入射波和反射波，选用的圆柱形花岗岩杆长度为 1200mm。为了保证波传播截面的一致性，截面直径沿轴线的变化范围为±1mm。为了保证应力波在岩杆自由端发生全反射，需确保岩杆左右两端面光滑平整并且与岩杆轴线垂直。试验前对圆柱形花岗岩杆的完整性和均质性进行检查，确保岩杆表面没有明显裂纹，避免应力波在裂纹处发生反射和透射，干扰试验结果。

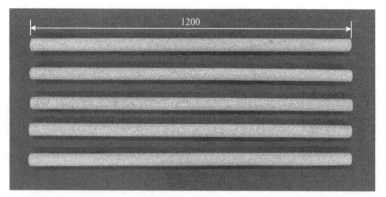

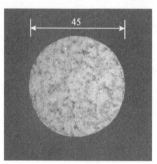
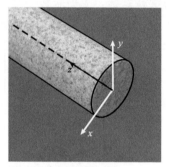

(b) 试样直径　　　　　(c) 试样自由端

图 4.1　试验采用的花岗岩杆（单位：mm）

4.3　试验装置及步骤

1. 摆锤冲击试验装置

图 4.2 为摆锤冲击试验装置。加载装置由摆锤、测量板和挡板组成。摆锤用于对岩杆施加冲击荷载。通过改变锤头的形状、长度来分别控制应力波的波形、波长。测量板可以测量摆锤的摆角，通过改变摆锤初始角度调节冲击能量。挡板用于保证摆锤在第 1 次撞击后与岩杆脱离，避免对岩杆重复加载。应力波传播装置由岩杆、支撑滑轮和阻挡器组成。支撑滑轮用于保证岩杆在动荷载作用后自由滑动，减少摩擦造成的能量损耗。阻挡器用于防止岩杆在试验过程中过度滑移而脱离支撑。

第4章 细观裂隙岩体内应力波传播试验

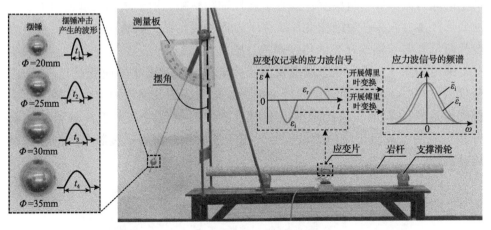

图 4.2 摆锤冲击试验装置

2. 应变测量装置

应力波测量与数据处理装置由应变片、动态应变仪、示波器(可选)和计算机组成。利用图 4.3 所示应变片采集摆锤加载产生的动态应变。应变片光栅长度为 20mm，应变片阻值为 120Ω，灵敏度系数为 2±0.01。

图 4.3 应变片

利用黏合剂将应变片粘贴在岩杆的中间位置，应变片粘贴方式如图 4.4 所示。四片应变片共分为两组，一组应变片平行于岩杆轴线粘贴，用于测量冲击

 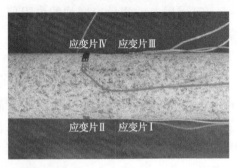

图 4.4 应变片粘贴方式

产生的应力波。另一组应变片垂直于岩杆轴线粘贴，用于减小测量过程中的弯曲变形产生的误差。每组应变片对称于岩杆轴线粘贴，该贴片方式可以减小应变片测量方向与轴线存在的角度误差。

采用如图 4.5 所示动态应变仪显示并记录应变片采集的应变信号。动态应变仪以 $1\times10^7\text{s}^{-1}$ 采样率记录岩杆中应力波信号，为开展应力波离散傅里叶变换提供足够的数据。采用示波器实时观测应力波信号，便于及时调整加载方案。采用计算机记录应力波信号，用于提取并分析细观裂隙岩体内应力波传播规律。

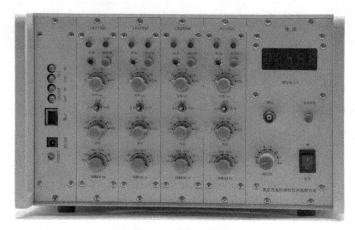

图 4.5 动态应变仪

3. 试验步骤

1) 应变片安装

(1) 选择合适的应变片，剔除片内有气泡、霉斑、锈点和具有形状缺陷的应变片。

(2) 采用电桥测量应变片的电阻值，并进行阻值匹配，确保同一桥路中应变片的阻值相差不超过 0.5Ω。

(3) 用定位板确定应变片在花岗岩杆上的粘贴位置。

(4) 利用砂纸打磨需要粘贴应变片的位置，砂纸打磨方向与应变片测量方向呈 45°，直至打磨光滑为止。随后采用棉球蘸取少量酒精对打磨位置进行擦拭。

(5) 在应变片的底面涂抹适量的黏合剂，并将应变片粘贴至原打磨位置。用手指压紧应变片的底部，排出应变片与岩杆接触部分的空气和水分，使其粘贴牢固。

(6)将应变片和引线连接,用胶带将引线固定在岩杆上。将贴好应变片的岩杆静置 24h,确保应变片与岩杆表面粘贴牢固。

2)摆锤冲击试验

摆锤冲击试验主要由测量系统连接、岩杆安装、应力波测量等步骤组成,其具体试验步骤如下:

(1)首先选择应变片粘贴位置。为了尽可能分离入射波和反射波,将应变片粘贴在岩杆中间位置。

(2)按照 4.3.2 节介绍的应变片粘贴步骤将应变片粘贴至岩杆指定位置。粘贴完成后,将应变片与动态应变仪进行连接。

(3)打开动态应变仪,使用自动调整功能,进行调零校准工作。

(4)设置动态应变仪参数。动态应变仪的采样率设置为 $1\times10^7\mathrm{s}^{-1}$,信号增益设置为 1000 倍,低通滤波设置为 50kHz。

(5)将花岗岩杆放置在摆锤冲击试验装置的支撑滑轮上。调整岩杆的高度和位置,使岩杆轴线与锤头轴线对齐。

(6)选定锤头形状、锤头长度和冲击角度,利用摆锤对岩杆施加动荷载。

(7)点击应力波测量按钮,读取显示器中的应力波波形,记录并保存数据。

4.4 试验结果及分析

图 4.6 为花岗岩杆内的应力波波形。利用摆锤冲击装置对岩杆施加动荷载

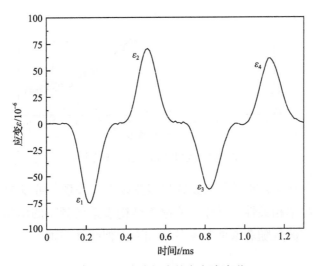

图 4.6 花岗岩杆内的应力波波形

后，产生的压缩应力波在岩杆中向右传播，应变片记录信号 ε_1 为第 1 次通过应变片向右传播的应力波。应力波经自由端面反射成为向左传播的应力波。应变片记录信号 ε_2 为第 2 次通过应变片向左传播的应力波。应力波在传播过程中会在两个自由端面不断发生反射并改变传播方向，应变片也会依次记录到 ε_3、$\varepsilon_4\cdots$，直至应力波衰减为零。

将波形中的入射波 ε_1 和反射波 ε_2 进行离散傅里叶变换，得到入射波和反射波的频谱图。由于傅里叶变换是频率 ω 的偶数函数，应力波的频谱关于 $\omega = 0$ 轴对称分布，因此只绘制了 $\omega > 0$ 的部分。

图 4.7 为入射波和反射波频谱图。可以看出，随着频率的增加，入射波和反射波的频谱振幅逐渐减小。当谐波频率一定时，入射波频谱振幅总是大于反射波频谱振幅。在较小频率和较大的范围内入射波频谱振幅与反射波频谱振幅近似相等。然而，在中间的频率范围内，入射波频谱振幅始终大于反射波频谱振幅。将傅里叶变换后的入射波和反射波代入式(4.15)和式(4.16)，可以得到岩体中应力波传播的衰减系数和波数。

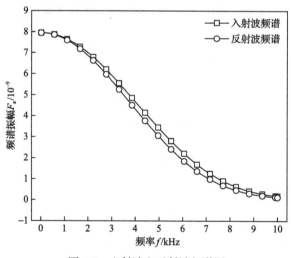

图 4.7　入射波和反射波频谱图

图 4.8 为应力波衰减系数和波数与谐波频率的关系。可以看出，衰减系数和波数均具有频率相关性。其中，衰减系数随着谐波频率的增加先缓慢增加，然后迅速增加。波数随着谐波频率的增加而近似线性增加。

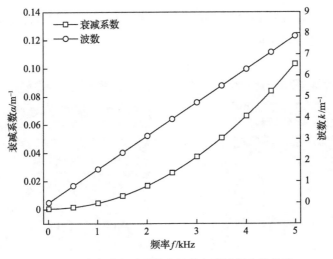

图 4.8 应力波衰减系数和波数与谐波频率的关系

4.5 高温岩体内应力波传播试验案例

4.5.1 高温加热

图 4.9 为加热岩杆的管式加热炉。加热炉壳采用双层强制风冷构造，使加热炉炉壳外部温度始终接近室温。智能温控仪具有自动升温、自动降温功能。管式加热炉最高加热温度可达 1200℃，最高升温速率为 30℃/min。加热炉的加热区域总长度为 1500mm，直径为 70mm。加热区域满足岩杆所需空间要求，并保证岩杆整体均匀加热到指定温度。

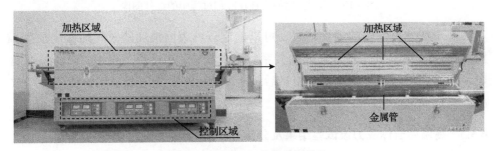

图 4.9 加热岩杆的管式加热炉

4.5.2 高温岩体温度检测

红外摄像仪用于实时非接触检测岩杆加热和冷却过程中的温度变化。图 4.10

为不同温度的岩杆在冷却过程中的红外图像。可以看出，随着冷却时间的增加，岩杆表面的温度逐渐下降。

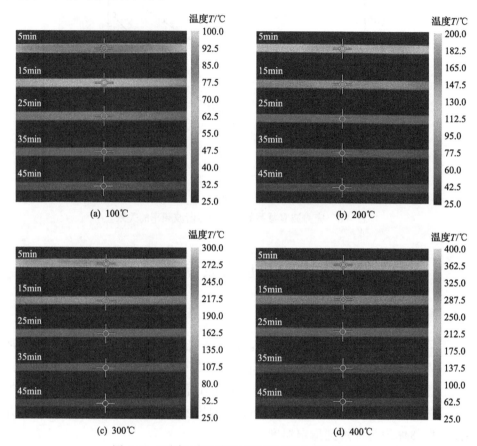

图 4.10　不同温度的岩杆在冷却过程中的红外图像

基于红外摄像仪的测量结果，可以确定岩杆表面温度随时间的变化规律。图 4.11 为岩杆温度与冷却时间的关系。可以看出，在冷却过程中，岩杆温度随着冷却时间的增加先快速下降，然后缓慢下降。温度的下降速率会随着冷却时间的增加而减小。

4.5.3　高温后岩体应力波试验结果及分析

本试验采用相同的摆锤和摆角对不同温度热处理后的花岗岩进行冲击加载。图 4.12 为不同温度热处理后花岗岩内的波形。可以看出，随着加热温度的升高，入射波和反射波的幅值逐渐增加，入射波和反射波幅值的时间间隔逐渐增加。

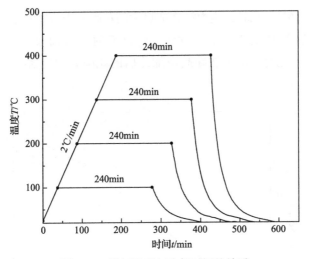

图 4.11 岩杆温度与冷却时间的关系

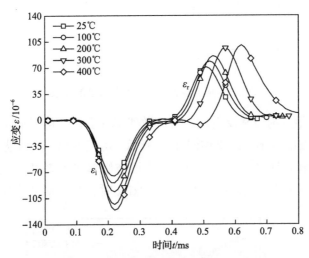

图 4.12 不同温度热处理后花岗岩内的波形

引入幅值衰减率描述不同温度热处理后花岗岩内应力波的幅值衰减情况。幅值衰减率为

$$A=\frac{\max|\varepsilon_i|-\max|\varepsilon_r|}{\max|\varepsilon_i|}\times100\% \tag{4.17}$$

式中，A 为幅值衰减率；ε_i 为入射波；ε_r 为反射波。

图 4.13 为应力波幅值衰减率与温度的关系。可以看出，随着加热温度的升高，应力波的幅值衰减率不断增加。当温度由 25℃ 升高至 100℃ 时，幅值衰减率

由 5.9%增加到 6.6%。此时，应力波在加热后的花岗岩内传播时幅值衰减较小。然而，当加热温度升高至 200℃、300℃和 400℃时，幅值衰减率分别为 9.1%、11.6%和 12.9%。此时，应力波在高温加热后的花岗岩内传播时会发生明显的幅值衰减。

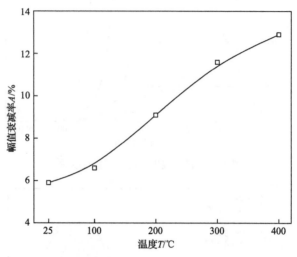

图 4.13　应力波幅值衰减率与温度的关系

对图 4.12 中入射波和反射波进行离散傅里叶变换，得到不同温度热处理后花岗岩内应力波的频谱，结果如图 4.14 所示。可以看出，入射波和反射波频谱的振幅均随着谐波频率的增加而减小。当谐波频率接近零时，入射波和反射波频谱的振幅达到最大。当谐波频率大于 10kHz 时，入射波和反射波频谱的振幅

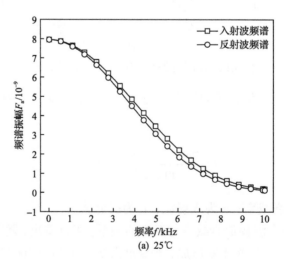

(a) 25℃

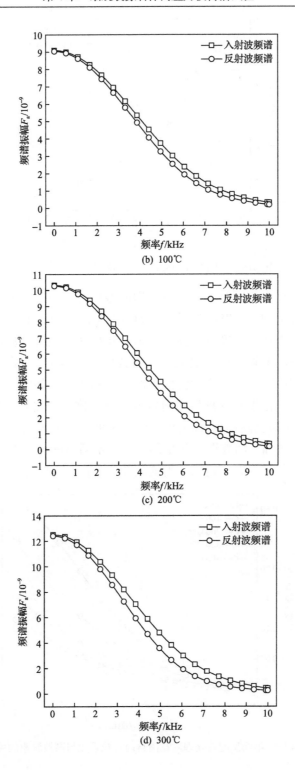

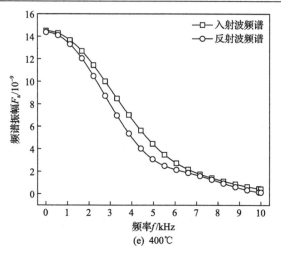

(e) 400℃

图 4.14　不同温度热处理后花岗岩内应力波的频谱

接近零。当谐波频率相同时，反射波频谱的振幅总是小于入射波频谱的振幅。随着谐波频率的增加，入射波与反射波频谱振幅的差值先增加后减小。当谐波频率一定时，随着加热温度的升高，入射波和反射波频谱的振幅均不断增加。

将离散傅里叶变换后的入射波和反射波代入式(4.15)和式(4.16)中，得到不同温度热处理后花岗岩内应力波的衰减系数和波数，如图 4.15 和图 4.16 所示。图 4.15 为不同温度热处理后花岗岩内衰减系数与谐波频率的关系。可以看出，在相同温度热处理后的花岗岩中，随着谐波频率的增加，衰减系数先缓慢增加，然后迅速增加。随着谐波频率的增加，不同温度热处理后的花岗岩内应力波衰减系数的差异性越来越大。当谐波频率一定时，应力波的衰减系数随加

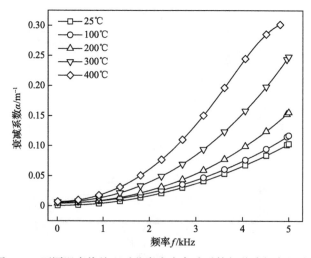

图 4.15　不同温度热处理后花岗岩内衰减系数与谐波频率的关系

热温度的升高而增加。当谐波频率接近零时，不同温度热处理后花岗岩的应力波衰减系数均趋近于零。

图 4.16 为不同温度热处理后花岗岩内波数与谐波频率的关系。可以看出，在相同温度热处理后的花岗岩中，随着谐波频率的增加，应力波的波数近似线性增加。当谐波频率一定时，随加热温度的升高，应力波的波数不断增加。频率与波数的比值为应力波的相速度。在相同温度热处理后的花岗岩中，应力波的相速度几乎不随谐波频率发生变化。当谐波频率一定时，应力波的相速度会随着加热温度的升高而减小。

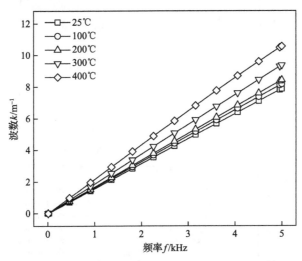

图 4.16　不同温度热处理后花岗岩内波数与谐波频率的关系

4.5.4　高温后岩体不同频率应力波试验结果及分析

图 4.17 为不同温度热处理后花岗岩内的波形。ε_1 为第 1 次通过应变片向右传播的应力波。ε_2 即为第 2 次通过应变片向左传播的应力波。从图 4.17(a)中可以看出，不同直径摆锤冲击所产生的波形相似。应力波的周期会随着摆锤直径的增加而增加。当应力波传播距离相同时，反射波与入射波幅值对应时间的差值会随着应力波周期的增加而增加。该现象表明波速会随着应力波周期的增加而减小。此外，反射波的幅值要小于入射波的幅值。该现象表明应力波在传播过程中发生了幅值衰减。从图 4.17(b)~(e)也可以看出相似的结果。对比图 4.17(a)~(e)中相同直径摆锤冲击所产生的应力波，可以看出反射波与入射波幅值对应时间的差值会随着加热温度的增加而增加。该现象表明应力波波速会随着加热温度的增加而减小。

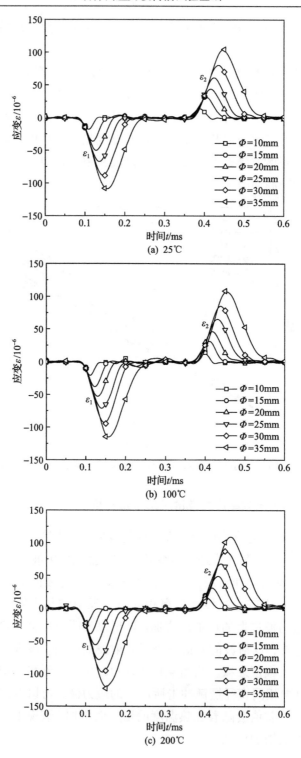

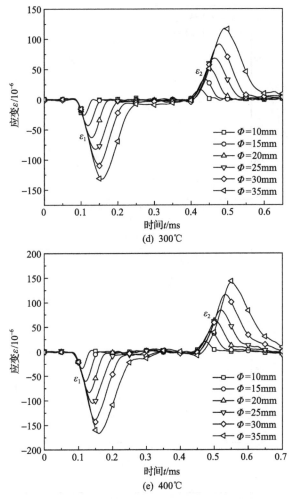

图 4.17 不同温度热处理后花岗岩内的波形

图 4.18 为不同直径摆锤冲击作用下花岗岩内应力波幅值与温度的关系。从图 4.18(a) 中可以看出，当摆锤直径相同时，摆锤冲击所产生的入射波幅值和反射波幅值会随着温度的增加非线性增加。当加热温度为 25~300℃时，入射波幅值和反射波幅值随着温度的增加而缓慢增加。当加热温度为 300~400℃时，入射波幅值和反射波幅值则会随着温度的增加而快速增加。当加热温度由 25℃升高至 300℃时，入射波的幅值由 2.12×10^{-5} 增加至 3.02×10^{-5}，增长率为 42.5%，反射波的幅值由 1.61×10^{-5} 增加至 1.82×10^{-5}，增长率为 13.0%。当加热温度由 300℃升高至 400℃时，入射波的幅值由 3.02×10^{-5} 增加至 4.04×10^{-5}，增长率 33.8%，反射波的幅值由 1.82×10^{-5} 增加至 2.23×10^{-5}，增长率为 24.2%。此外，

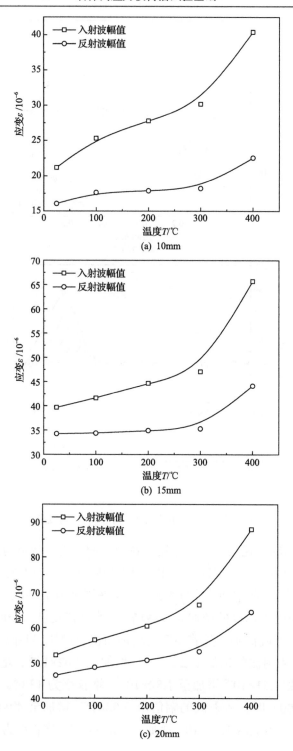

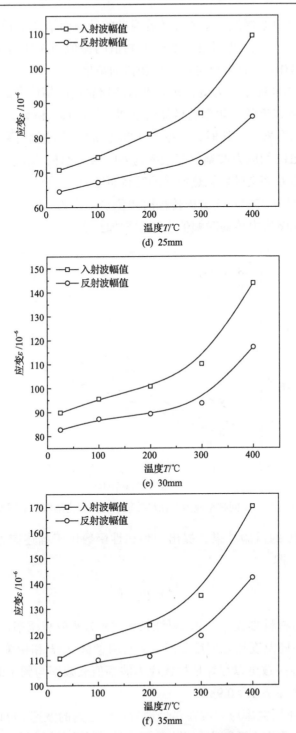

图 4.18 不同直径摆锤冲击作用下花岗岩内应力波幅值与温度的关系

入射波幅值和反射波幅值的差值会随着温度的升高而增加。当加热温度由 25℃ 升高至 400℃ 时，入射波幅值和反射波幅值的差值由 5.10×10^{-6} 增加至 1.81×10^{-5}。从图 4.18(b)~(f) 中也可以看出相似的结果。

图 4.19 为不同频率应力波在热处理后花岗岩内的幅值衰减率。可以看出，应力波的幅值衰减率随着频率的增加而近似线性增加。例如，当应力波在加热温度为 400℃ 花岗岩内传播时，频率为 3.2kHz 的应力波幅值衰减率为 16.4%，而频率为 11.8kHz 的应力波幅值衰减率为 44.1%。此外，当应力波频率相同时，应力波的幅值衰减率会随着加热温度的升高而增加。例如，频率为 7.7kHz 的应力波在加热温度为 25℃ 花岗岩内传播时幅值衰减率为 13.6%，当应力波在加热温度为 400℃ 花岗岩内传播时幅值衰减率增加至 32.8%。

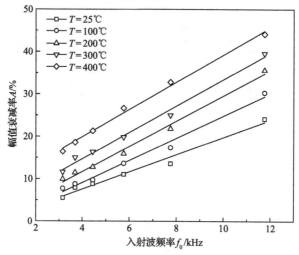

图 4.19　不同频率应力波在热处理后花岗岩内的幅值衰减率

基于图 4.19 的试验结果，提出一种线性函数用于描述应力波幅值衰减率与频率的关系，即

$$A = af_0 + b \tag{4.18}$$

式中，a 和 b 为材料参数；f_0 为入射波频率；A 为幅值衰减率。

表 4.1 为不同温度热处理后花岗岩的材料参数 a、b 和相关系数的平方 R^2。可以看出，线性函数可以很好地描述应力波幅值衰减率与频率的关系。该线性函数相关系数的平方 $R^2>0.98$。

图 4.20 为不同频率应力波在热处理后花岗岩内的波速。可以看出，当加热温度相同时，随着应力波频率的增加，应力波波速先快速增加，然后缓慢增加。

当应力波频率相同时，应力波波速会随着温度的升高而减小。

表 4.1 不同温度热处理后花岗岩的材料参数 a、b 和相关系数的平方 R^2

温度/℃	a	b	R^2
25	2.037×10^{-5}	-0.00569	0.980
100	2.621×10^{-5}	-0.0138	0.988
200	2.983×10^{-5}	-0.00250	0.992
300	3.119×10^{-5}	0.0223	0.991
400	3.221×10^{-5}	0.0703	0.994

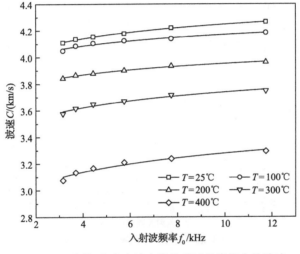

图 4.20 不同频率应力波在热处理后花岗岩内的波速

基于图 4.20 的试验结果，提出一种非线性函数用于描述波速与频率的关系，即

$$C = D f_0^n \tag{4.19}$$

式中，C 为波速；D 和 n 为材料参数；f_0 为入射波频率。

表 4.2 为不同温度热处理后花岗岩的材料参数 D、n 和相关系数的平方 R^2。可以看出，非线性函数可以很好地描述应力波幅值衰减率与频率的关系。该非线性函数相关系数的平方 $R^2 > 0.95$。

图 4.21(a) 为花岗岩弹性模量随应力波频率的变化。可以看出，当加热温度相同时，随着应力波频率的增加，花岗岩的弹性模量先快速增加，然后缓慢增加。例如，对于 400℃ 热处理后的花岗岩，当应力波频率由 3.2kHz 增加至

5.8kHz 时，弹性模量从 25.2GPa 增加至 27.4GPa，增加了 8.7%。然而，当应力

表 4.2 不同温度热处理后花岗岩的材料参数 D、n 和相关系数的平方 R^2

温度/℃	D	n	R^2
25	3285.126	0.0279	0.996
100	3391.799	0.02243	0.954
200	3190.328	0.0233	0.991
300	2721.949	0.0344	0.966
400	2104.489	0.04814	0.954

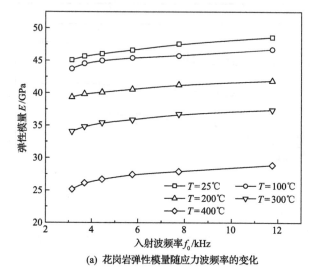

(a) 花岗岩弹性模量随应力波频率的变化

(b) 花岗岩弹性模量随温度的变化

图 4.21 花岗岩弹性模量随应力波频率和温度的变化

波频率由 5.8kHz 增加至 11.8kHz 时，弹性模量从 27.4GPa 增加至 28.9GPa，仅增加了 5.5%。

图 4.21(b)为花岗岩弹性模量随温度的变化。可以看出，当应力波频率相同时，花岗岩的弹性模量随着加热温度的升高而减小。随加热温度的升高，不同频率应力波作用下花岗岩弹性模量减小趋势是相似的。例如，当应力波频率为 3.2kHz 时，随着加热温度从 25℃升高至 400℃时，花岗岩的弹性模量由 45.1GPa 减小至 25.2GPa，降低了 44.1%。当应力波频率为 11.8kHz 时，随着加热温度从 25℃升高至 400℃时，花岗岩的弹性模量由 48.6GPa 减小至 28.9GPa，降低了 40.5%。

结果表明，花岗岩的弹性模量会随着应力波频率的增加而增加，也会随着加热温度的升高而减小。为了揭示花岗岩弹性模量随频率和加热温度的关系，提出一种综合考虑频率和加热温度的模型，即

$$E = a_{\mathrm{T}} T^{p_1} + a_{\mathrm{f}} f_0^{p_2} + a_{\mathrm{Tf}} T^{p_3} f_0^{p_4} \tag{4.20}$$

式中，a_{T}、a_{f}、a_{Tf}、p_1、p_2、p_3 和 p_4 为应力波作用下高温热处理后花岗岩的材料参数；E 为弹性模量；f_0 为入射波频率。

表 4.3 为基于试验结果确定的花岗岩材料参数。

表 4.3 基于试验结果确定的花岗岩材料参数

a_{T}	a_{f}	a_{Tf}	p_1	p_2	p_3	p_4
-1.08×10^5	2.55×10^3	3.14×10^{10}	2.01	0.0386	-0.0119	0.0505

图 4.22 为模型确定的弹性模量和试验确定的弹性模量对比。可以看出，当应力波频率相同时，模型确定的弹性模量随着加热温度的升高而减小。当加热温度相同时，模型确定的弹性模量随着应力波频率的增加而增加。模型确定的弹性模量与试验确定的弹性模量相近，两者相关系数的平方 $R^2=0.99$。

模型的精度可以通过模型确定的弹性模量与试验确定的弹性模量两者之间的相对误差进行量化。相对误差定义为模型确定的弹性模量与试验确定的弹性模量的差值与试验确定的弹性模量的比值。图 4.23 为模型确定的弹性模量与试验确定的弹性模量之间的相对误差。可以看出，模型确定的弹性模量与试验确定的弹性模量的相对误差均小于 3%。因此，提出的模型可以较好地描述温度-频率耦合作用对花岗岩弹性模量的影响。

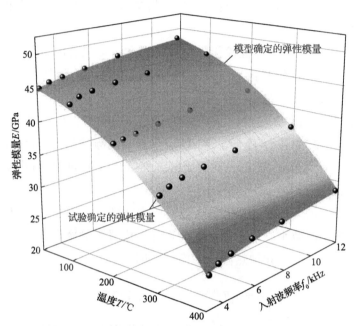

图 4.22 模型确定的弹性模量与试验确定的弹性模量对比

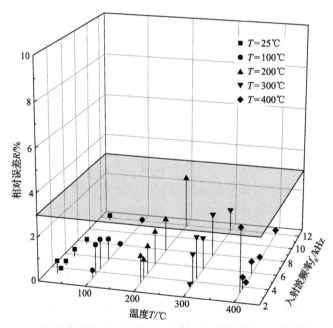

图 4.23 模型确定的弹性模量与试验确定的弹性模量之间的相对误差

第 5 章 基于组合波方法的细观裂隙岩体内应力波传播试验

在岩体工程动态稳定性分析中,细观裂隙岩体内应力波衰减和耗散等传播特性可通过传播系数预测。因此,一种准确、便捷确定岩体内应力波传播系数的试验方法对岩体工程动力响应分析具有重要意义。本章介绍了确定应力波传播系数的组合波方法,阐述了基于组合波方法的短杆摆锤冲击试验的试验理论、试样制备、试验装置与试验步骤,研究了细观裂隙岩体内应力波传播特性。与传统分离波方法对比,该组合波方法可将试样长度缩短约 50%。

5.1 试 验 理 论

图 5.1 为组合波方法确定传播系数的流程示意图。定义岩杆左侧自由端位于 $x = x_1$ 处,岩杆右侧自由端位于 $x = x_2$ 处,应变片位于 $x = 0$ 处,其中 $x_1 < 0 < x_2$。在岩杆左侧自由端施加动态冲击荷载时,会产生向右传播的压缩波,位于 $x = 0$ 处的应变片记录的右行压缩波为 ε_{R1}。当右行压缩波传播至岩杆右侧自由端时,向右传播的压缩波被反射为向左传播的拉伸波。位于 $x = 0$ 处的应变片记录的左行拉伸波为 ε_{L1}。当岩杆长度受限时,在应变片位置处右行压缩波和左行拉伸波会产生叠加,形成第 1 个组合波 ε_{C1},第 1 个组合波为

$$\varepsilon_{C1} = \varepsilon_{R1} + \varepsilon_{L1} \tag{5.1}$$

式中,ε_{C1} 为第 1 个组合波;ε_{R1} 为第 1 个右行压缩波;ε_{L1} 为第 1 个左行拉伸波。

对式(5.1)进行傅里叶变换,可得

$$\tilde{\varepsilon}_{C1} = \tilde{\varepsilon}_{R1} + \tilde{\varepsilon}_{L1} \tag{5.2}$$

式中,$\tilde{\varepsilon}_{C1}$ 为频域内第 1 个组合波;$\tilde{\varepsilon}_{R1}$ 为频域内第 1 个右行压缩波;$\tilde{\varepsilon}_{L1}$ 为频域内第 1 个左行拉伸波。

当左行拉伸波传播至岩杆左侧自由端时,左行拉伸波被反射为右行压缩

波，应变片记录的右行压缩波为 ε_{R2}。当右行压缩波传播至岩杆右侧自由端时，右行压缩波再次被反射为左行拉伸波，应变片记录的左行拉伸波为 ε_{L2}。右行压缩波和左行拉伸波在应变片位置处会产生叠加，形成第 2 个组合波 ε_{C2}，第 2 个组合波为

$$\varepsilon_{C2} = \varepsilon_{R2} + \varepsilon_{L2} \tag{5.3}$$

式中，ε_{C2} 为第 2 个组合波；ε_{R2} 为第 2 个右行压缩波；ε_{L2} 为第 2 个左行拉伸波。

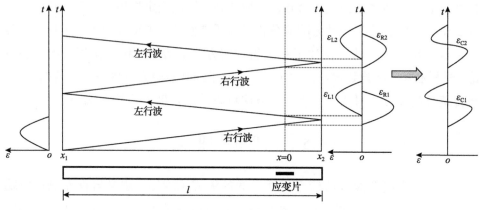

图 5.1 组合波方法确定传播系数的流程示意图

对式(5.3)进行傅里叶变换，可得

$$\tilde{\varepsilon}_{C2} = \tilde{\varepsilon}_{R2} + \tilde{\varepsilon}_{L2} \tag{5.4}$$

式中，$\tilde{\varepsilon}_{C2}$ 为频域内第 2 个组合波；$\tilde{\varepsilon}_{R2}$ 为频域内第 2 个右行压缩波；$\tilde{\varepsilon}_{L2}$ 为频域内第 2 个左行拉伸波。

基于应力波在岩体内的传播理论，可得岩杆内应力波的关系，即

$$\begin{cases} \tilde{\varepsilon}_{R2} = \tilde{\varepsilon}_{R1} \exp(-2l\gamma) \\ \tilde{\varepsilon}_{L2} = \tilde{\varepsilon}_{L1} \exp(-2l\gamma) \end{cases} \tag{5.5}$$

式中，l 为岩杆长度。

联立式(5.4)和式(5.5)，可得

$$\tilde{\varepsilon}_{C2} = \tilde{\varepsilon}_{R1} \exp(-2l\gamma) + \tilde{\varepsilon}_{L1} \exp(-2l\gamma) \tag{5.6}$$

联立式(5.2)和式(5.6)，可得

$$\frac{\tilde{\varepsilon}_{C2}}{\tilde{\varepsilon}_{C1}} = \exp(-2l\gamma) \tag{5.7}$$

基于式(5.7)，可以确定衰减系数和波数为

$$\alpha = -\mathrm{Re}\left(\frac{1}{2l}\ln\frac{\tilde{\varepsilon}_{C2}}{\tilde{\varepsilon}_{C1}}\right) \tag{5.8}$$

$$k = -\mathrm{Im}\left(\frac{1}{2l}\ln\frac{\tilde{\varepsilon}_{C2}}{\tilde{\varepsilon}_{C1}}\right) \tag{5.9}$$

5.2 试样制备

图 5.2 为摆锤冲击试验采用的花岗岩短杆。花岗岩短杆主要由云母、长石和石英组成。为了满足一维应力波传播理论的要求，减少应力波传播过程中由惯性作用引起的几何弥散，岩杆长度应大于岩杆直径的 10 倍，试验采用长度为 600mm、直径为 45mm 的圆柱形花岗岩杆。试验前对花岗岩短杆的完整性和均质性进行检查，并对短杆两端进行打磨，确保短杆两端端面光滑平整且与岩杆轴线垂直。

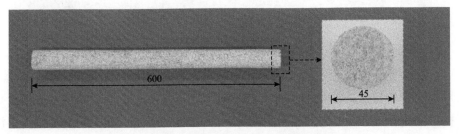

图 5.2 摆锤冲击试验采用的花岗岩短杆(单位：mm)

5.3 试验装置及步骤

1. 试验装置

图 5.3 为使用组合波方法确定应力波传播系数的冲击试验装置。在摆锤冲击试验装置中，摆锤用于冲击短杆产生组合波。改变锤头的形状、长度和材料可以分别调整组合波的波形、波长和幅值。测量板用于测量摆锤的摆角。改变摆角可以调整组合波的能量。支撑滑轮用于保证短杆在动荷载作用后自由滑

动,减小摩擦造成的能量损耗。支撑滑轮位置可根据岩杆长度进行调整。

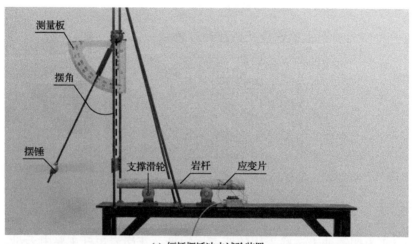

(a) 短杆摆锤冲击试验装置

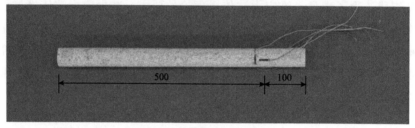

(b) 应变片粘贴位置(单位:mm)

图 5.3 使用组合波方法确定应力波传播系数的冲击试验装置

本试验使用应变片进行接触式测量确定岩石内应力波的衰减系数和波数。采用应变片的接触式测量方法具有成本低、操作方便、精度高等优点。本次短杆摆锤冲击试验,应变片的测量位置距离冲击端 500mm,该测量位置处入射波和反射波会产生叠加。本试验所采用的应变片电阻为 120Ω,灵敏度系数为 2 ± 0.01。本试验采用全桥式连接,共采用 4 个应变片测量组合波。两个应变片平行于轴线对称粘贴,以减小应变片与轴线夹角引起的误差。另外两个应变片垂直于轴线对称粘贴,以减小径向变形引起的误差。记录组合波所采用的采样率为 $1 \times 10^7 \mathrm{s}^{-1}$,以提供足够的数据点用于离散傅里叶变换。

2. 试验步骤

首先参考第 4 章介绍的应变片粘贴步骤将应变片粘贴至短杆指定位置。粘贴完成后,将应变片与应变仪进行连接。将花岗岩短杆放置在摆锤冲击试验装置的支撑滑轮上,利用摆锤冲击试验装置对花岗岩短杆进行动态冲击试验。对应变仪采集到的组合波开展离散傅里叶变换,采用组合波方法确定花岗岩内应力波的衰减系数和波数。

5.4 试验结果及分析

5.4.1 短杆摆锤冲击试验结果

图 5.4 为短杆摆锤冲击试验中产生的组合波。两个组合波分别表示为 ε_{C1} 和 ε_{C2}。可以看出,随着时间的增加,组合波从 0 不断下降至最小值,然后快速上升至最大值,最后逐渐减小至 0。第 1 个组合波的最大值和最小值分别为 0.80×10^{-4} 和 -1.14×10^{-4}。第 2 个组合波的最大值和最小值分别为 0.65×10^{-4} 和 -0.99×10^{-4}。

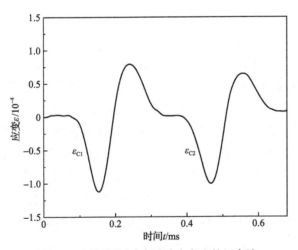

图 5.4 短杆摆锤冲击试验中产生的组合波

图 5.5 为短杆摆锤冲击试验中组合波的频谱。可以看出,随着谐波频率的增加,第 1 个、第 2 个组合波的频谱振幅先增加后减小。在谐波频率 0~4kHz 范围内,第 1 个组合波的频谱振幅随着谐波频率的增加而增加。在谐波频率 0~3.75kHz 范围内,第 2 个组合波的频谱振幅随着谐波频率的增加而增加。第 2 个组合波的频谱振幅始终小于第 1 个组合波的频谱振幅。在谐波频率 0~2kHz 范围内,第 2 个组合波的频谱振幅与第 1 个组合波的频谱振幅相近。然后,两个组合波频谱振幅的差值随着频率的增加而增加。最后,两个组合波频谱振幅的差值随着频率的增加而减小。

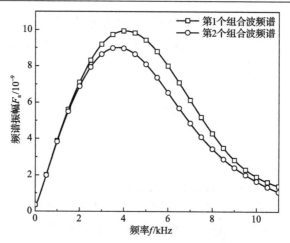

图 5.5 短杆摆锤冲击试验中组合波的频谱

5.4.2 组合波方法验证

分离波方法已经被应用于岩体内波传播系数的确定。该方法需要准备较长的岩杆，然后进行冲击试验产生相互分离的入射波和反射波，基于入射波和反射波确定岩体内应力波的衰减系数和波数。图 5.6 为采用分离波方法验证组合波方法的冲击试验装置。与短杆摆锤冲击试验类似，通过摆锤的冲击在花岗岩杆内产生应力波，长杆摆锤冲击试验所用的摆锤和摆角均与短杆摆锤冲击试验相同，如图 5.6(a)所示。图 5.6(b)为分离波方法中应变片粘贴位置。对于分离波方法，需要保证入射波和反射波不发生叠加，因此本试验采用长度 1.2m 的花岗岩杆，并将应变片粘贴至岩杆中间位置来获得彼此分离的入射波和反射波。长杆摆锤冲击试验选择的应变片、连接方式和测量参数与短杆摆锤冲击试验相同。

图 5.7 为传统长杆摆锤冲击试验中产生的分离波形。两个分离波分别表示为入射波 ε_1 和反射波 ε_2。其中入射波 ε_1 为摆锤直接冲击产生的应力波，由左侧冲击端向右侧自由端传播。反射波 ε_2 为花岗岩杆自由端处反射产生的应力波，由右侧自由端向左侧冲击端传播。可以看出，本次摆锤冲击试验加载产生的入射波和反射波波形均为类半正弦波，入射波在自由端处发生反射，压缩波转变为拉伸波。使用较长的岩杆后应力波的传播距离大于应力波的半波长，入射波和反射波之间存在趋于零的区段。因此，长杆摆锤冲击试验测量得到的波形没有发生叠加。冲击产生的应力波在传播过程中发生幅值衰减。反射波的幅值为 1.20×10^{-4}，入射波的幅值为 -1.28×10^{-4}，应力波在传播过程中幅值

衰减了 6.25%。

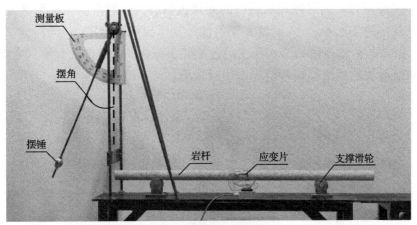

(a) 长杆摆锤冲击试验装置

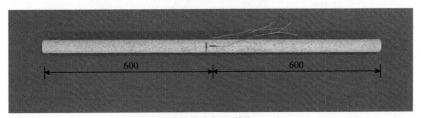

(b) 应变片粘贴位置(单位：mm)

图 5.6 采用分离波方法验证组合波方法的冲击试验装置

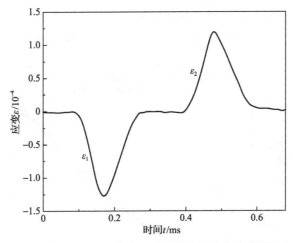

图 5.7 传统长杆摆锤冲击试验中产生的分离波形(验证)

对长杆摆锤冲击试验中产生的入射波和反射波进行离散傅里叶变换，得到长杆摆锤冲击试验中分离波的频谱，如图 5.8 所示。可以看出，随着谐波频率的增加，入射波频谱振幅和反射波频谱振幅先缓慢减小，然后快速减小。当谐波频率接近零时，入射波和反射波的频谱振幅最大。当谐波频率足够大时（例如本试验中的 10kHz），入射波和反射波的频谱振幅接近零。当谐波频率相同时，入射波的频谱振幅始终大于反射波的频谱振幅。随着谐波频率的增加，入射波和反射波的频谱振幅差值先增加后减小。

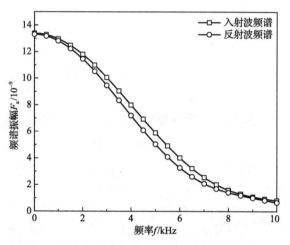

图 5.8　长杆摆锤冲击试验中分离波的频谱(验证)

可以采用对比组合波方法和传统分离波方法确定的岩体内应力波传播系数来验证组合波方法。

图 5.9 为组合波方法与传统分离波方法确定的衰减系数对比。可以看出，随着谐波频率的增加，衰减系数先缓慢增加，然后快速增加。该结果表明当应

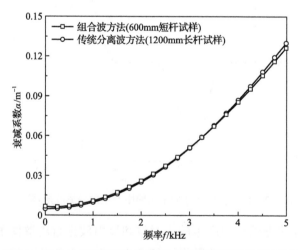

图 5.9　组合波方法与传统分离波方法确定的衰减系数对比

力波在花岗岩内传播时,频率较高的谐波衰减大于频率较低的谐波衰减。组合波方法确定的衰减系数与传统分离波方法确定的衰减系数具有很好的相似度。所以,组合波方法可以准确地确定岩体的衰减系数。与传统分离波方法对比,该组合波方法确定应力波衰减系数时可将试样的长度缩短约50%。

图5.10为组合波方法与传统分离波方法确定的波数对比。可以看出,波数随着谐波频率的增加而近似线性增加。谐波相速度可以通过谐波频率与波数的比值确定。因此,谐波相速度几乎不会随着谐波频率的变化而变化。组合波方法确定的波数与传统分离波方法确定的波数具有很好的相似度。所以,组合波方法可以准确地确定岩体内应力波波数。与传统分离波方法对比,该组合波方法确定应力波波数时可将试样的长度缩短约50%。

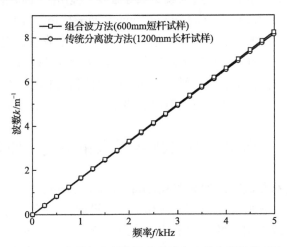

图 5.10　组合波方法与传统分离波方法确定的波数对比

第6章 非接触应力波传播试验

在地热能开采、核废料处理或川藏铁路等工程活动中,岩体会受到极端环境(例如高温环境和低温环境)的影响。极端环境会对岩体造成损伤,从而劣化岩体的动态力学性能。此外,岩体工程在施工和服役阶段会受到地震或爆破等动荷载的作用,从而诱发工程灾害。因此,准确、便捷地确定极端环境岩体内应力波传播特性的试验方法对岩体工程稳定性分析具有重要意义。针对传统接触式测量方法在极端环境中误差增加、测量区域受限等难题,提出融合高速摄像和数字图像相关(high-speed photography and digital image correlation, H-DIC)技术的非接触确定应力波传播系数的方法。本章介绍了 H-DIC 技术非接触应力波传播试验方法,阐述了基于 H-DIC 技术非接触应力波传播试验的试验理论、试样制备、试验装置与试验步骤,研究了细观裂隙岩体内应力波传播特性。与传统接触式试验方法对比,该方法可实现非接触实时测量极端环境岩体内应力波传播。

6.1 高速摄像与数字图像相关技术原理

高速摄像技术和数字图像相关(digital image correlation, DIC)技术在材料动态力学特性研究领域已经得到了应用。高速摄像技术可以通过高帧率全过程记录材料在动荷载作用下的动力响应,并通过逐帧回放再现材料在动荷载作用下任意时刻的瞬态变形。在拍摄过程中,高速摄像机与被拍摄材料为非接触状态,不会对材料的运动特性和变形特性产生干扰,也不会受到材料所处极端环境的影响。高速摄像技术可非接触拍摄应力波在极端环境岩体内的传播过程,避免了传统接触式测量方法中应变片与岩体不同热变形产生的测量误差。DIC 技术首先通过分析对比试样表面图像在变形前后相同像素点的变化,获得该像素点的位移信息,然后采用相同的计算方法得到其余像素点的位移信息,由此得到试样表面的位移场,并进一步计算得到试样表面的速度场、应变场等。与传统接触式方法相比,DIC 方法测量范围广,弥补了只能进行局部单点或多点测量的不足。因此,结合高速摄像技术与 DIC 技术的非接触方法为开展极端环境岩体内应力波传播试验提供了可能。

1. 高速摄像技术

高速摄像技术被应用于研究材料的动态力学特性。该技术涉及装置主要包

括高速摄像机、辅助照明系统、控制系统、外置存储系统等。图 6.1 为高速摄

图 6.1 高速摄像技术试验流程图

像技术试验流程图。高速摄像技术采用极高的帧率记录材料高速变形的全过程，后续通过逐帧分析再现材料在任意时刻的瞬间变形，为材料动态力学特性的研究提供重要的试验依据。

2. 数字图像相关技术

图 6.2 为 DIC 技术计算流程图。DIC 技术通过分析对比试样在变形前后的散斑图像，跟踪试样表面的散斑在变形前后的几何位置变化获得试样表面的变形信息。可以看出，试样表面的散斑随机分布，散斑点 P 附近的图案唯一。将变形前 P 点周围的区域定义为参考子区。通过在变形后的图像上搜索与参考子区相关度最高的目标子区，从而得到 P 点在试样变形时产生的位移。对变形前后散斑图像内所有的像素点进行相关匹配后，就可以获得这些像素点在变形时产生的位移，即散斑图像的位移场，进而通过相关算法得到散斑图像的应变场。

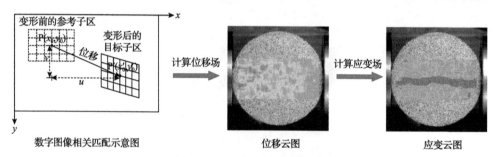

图 6.2 DIC 技术计算流程图

6.2 试 验 理 论

图 6.3 为非接触应力波传播试验确定岩体内应力波传播系数的流程示意图。利用摆锤对岩杆施加动荷载，在岩杆内产生右行入射应力波，该入射应力波为压缩波。右行压缩波在岩杆右侧自由端反射产生左行拉伸波，返回至岩杆左侧自由端。左行拉伸波在岩杆左侧自由端发生反射后再次以压缩波的形式传播至岩杆右侧自由端。应力波在传播过程中会在两侧自由端不断发生反射改变传播方向。应力波在岩杆内传播时，采用高速摄像机对岩杆右侧自由端进行持续拍摄。将采集到的图像数据使用 DIC 技术进行分析，即可得到岩杆右侧自由端在应力波传播过程中所产生的位移。将位移试验结果对时间进行求导，可以得到岩杆右侧自由端在应力波作用下的速度。对试验确定的速度进行傅里叶变换，可求解岩体内应力波的传播系数(衰减系数和波数)。衰减系数和波数为

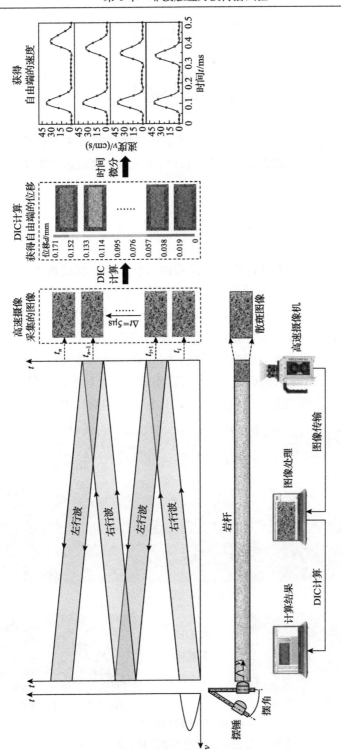

图 6.3 非接触应力波传播试验确定岩体内应力波传播系数的流程示意图

$$\alpha = -\mathrm{Re}\left(\frac{1}{2l}\ln\frac{\tilde{v}_2}{\tilde{v}_1}\right) \tag{6.1}$$

$$k = -\mathrm{Im}\left(\frac{1}{2l}\ln\frac{\tilde{v}_2}{\tilde{v}_1}\right) \tag{6.2}$$

式中，α 为衰减系数；k 为波数；$\tilde{v}_1$ 为傅里叶变换后的第 1 个速度波；$\tilde{v}_2$ 为傅里叶变换后的第 2 个速度波；l 为试样长度；Re 为复数表达式的实部；Im 为复数表达式的虚部。

6.3 试样制备

图 6.4 为非接触应力波传播试验采用的岩杆。岩杆材质均匀，外观无明显的裂纹。为了满足一维应力波传播理论的要求，减少横向效应，岩杆长度应大于岩杆直径的 10 倍。本试验选择长度为 1200mm、直径为 45mm 的花岗岩杆。同时，为了满足应力波在岩杆自由端的全反射要求，需要对岩杆左右两侧端面进行打磨，确保岩杆两侧端面光滑平整，同时确保两侧端面相互平行且与岩杆轴线垂直。根据 DIC 技术的原理，散斑图案质量会显著影响测量结果的准确性。散斑图案应该以适当的密度随机分布，且具有良好的对比度。天然花岗岩表面

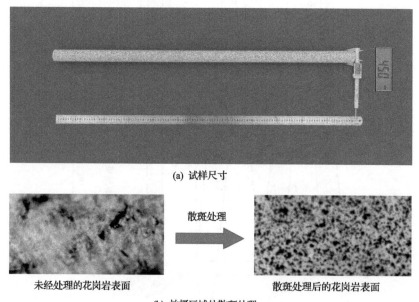

(a) 试样尺寸

(b) 拍摄区域处散斑处理

图 6.4 非接触应力波传播试验采用的岩杆

无法满足以上要求，所以在非接触应力波传播试验前需要对岩杆拍摄区域进行散斑处理。本试验采用喷涂法对拍摄区域进行散斑处理。首先，将岩杆拍摄区域喷涂一层白色哑光底漆，自然干燥静置 24h。然后，在白色哑光底漆上喷涂黑色哑光油漆形成黑色散斑，自然干燥静置 24h。喷涂过程中，尽量减小喷涂厚度，确保散斑与岩杆同步变形。

6.4 试验装置及步骤

1. 试验装置

图 6.5 为非接触应力波传播试验装置。在试验装置中，摆锤锤头可自行设计更换。通过改变锤头形状和锤头长度可分别控制应力波的波形和波长。测量板可以测量冲击时摆锤的摆角，通过调整摆角可控制应力波的幅值。焊接的挡板用于避免岩杆受到重复加载。支撑滑轮用于保证岩杆在受到冲击时能自由滑动，减小岩杆在试验过程中因滑动摩擦而产生的能量损耗。由于入射波和反射波在自由端会发生叠加，在入射波和反射波共同作用下岩杆右侧自由端的位移要大于岩杆其余截面的位移，也更容易被高速摄像机所捕捉。因此，将高速摄像机放置在岩杆右侧自由端，用于拍摄岩杆右侧自由端的位移，如图 6.5 所示。此外，试验中还可以使用 2000W 的 LED 灯补充照明，提高图像的清晰度。

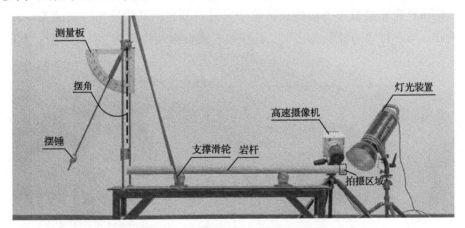

图 6.5 非接触应力波传播试验装置

2. 试验步骤

非接触应力波传播试验主要由拍摄位置确定、散斑图案制作、拍摄参数设

置、应力波测量等步骤组成,其具体试验步骤如下:

(1)确定拍摄位置。由于岩杆自由端的速度要大于岩杆其余截面的速度,更容易被高速摄像机捕捉。因此,将高速摄像机对准岩杆自由端,用于拍摄岩杆自由端的速度。

(2)制作散斑图案。在被拍摄区域处均匀喷涂一层白色哑光底漆,等待白漆完全干燥后,喷涂黑色哑光油漆以形成黑白对比的散斑图案。

(3)设置高速摄像机位置与参数。调整高速摄像机位置,使高速摄像机的光轴与散斑图案垂直。高速摄像机的拍摄分辨率设置为256×128像素,拍摄帧率为10^5帧/s。为了提高测量精度,应减小拍摄区域范围。本试验拍摄区域大小为5.16mm×2.56mm,拍摄分辨率为0.02mm/像素。

(4)选定锤头形状、锤头长度和冲击角度,利用摆锤对岩杆施加动荷载,在岩杆内产生应力波。应力波在岩杆内传播时,采用高速摄像机对岩杆散斑区域进行持续拍摄。将采集到的图像数据使用DIC技术分析,得到岩杆散斑区域在应力波传播过程中所产生的位移和速度。

6.5 试验结果及分析

6.5.1 非接触应力波传播试验结果

图6.6为非接触应力波传播试验中岩杆右侧自由端位移与时间的关系。可以看出,当右行应力波到达之前,岩杆的右侧自由端位移为零,处于静止状态。

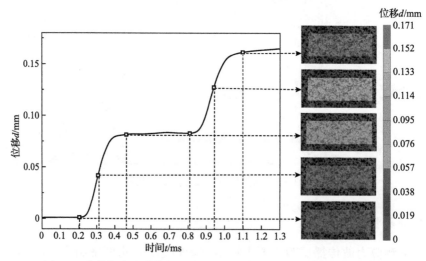

图6.6 非接触应力波传播试验中岩杆右侧自由端位移与时间的关系

当时间为 0.20ms 时，右行应力波到达岩杆右侧自由端，在右侧自由端被反射为左行应力波，岩杆右侧自由端在应力波作用下产生第 1 次位移。随着时间的增加，右侧自由端位移先缓慢增加，然后急剧增加，最后位移趋于稳定。在第 1 次应力波作用下岩杆右侧自由端产生的位移为 0.082mm。

左行应力波到达岩杆左侧自由端后被反射为右行应力波，右行应力波向岩杆右侧自由端传播。当时间为 0.82ms 时，右行应力波第 2 次到达右侧自由端，在右侧自由端被反射为左行应力波，岩杆右侧自由端在应力波作用下产生第 2 次位移。第 2 次反射时位移随时间的变化与第 1 次反射时相似。在第 2 次应力波的作用下岩杆右侧自由端产生的位移为 0.080mm。

将位移试验结果对时间进行求导，得到岩杆右侧自由端速度与时间的关系，如图 6.7 所示。v_1 为右侧自由端在应力波第 1 次反射过程中的速度。v_2 为右侧自由端在应力波第 2 次反射过程中的速度。可以看出，峰值速度会随着应力波传播距离的增加而减小。岩杆右侧自由端在应力波第 1 次反射时所产生的峰值速度为 0.74m/s。随着传播距离的增加，岩杆右侧自由端在应力波第 2 次反射时所产生的峰值速度为 0.65m/s，与第 1 次峰值速度相比，下降了 12.2%。

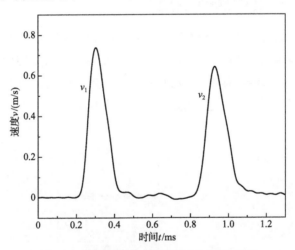

图 6.7 岩杆右侧自由端速度与时间的关系

将速度 v_1 和速度 v_2 进行离散傅里叶变换，得到岩杆右侧自由端速度 v_1 和速度 v_2 的频谱，如图 6.8 所示。可以看出，随着谐波频率的增加，v_1 和 v_2 的频谱振幅先缓慢减小，然后迅速减小，最后缓慢减小并趋近于零。v_2 的频谱振幅总是小于 v_1 的频谱振幅。该结果表明当应力波在岩体内传播时，频谱振幅会发生衰减。此外，当谐波频率为 0~4.7kHz 时，v_2 的频谱振幅与 v_1 的频谱振幅的差值会随着谐波频率的增加而增大。当谐波频率为 4.7～9kHz 时，v_2 的频谱振幅与 v_1 的频谱振幅的差值会随着谐波频率的增加而减小。

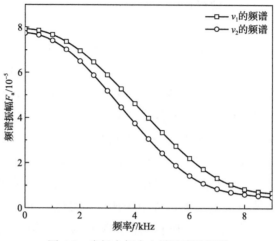

图 6.8　岩杆右侧自由端速度的频谱

6.5.2　非接触应力波传播试验方法验证

传统接触式测量方法已经被应用于测试岩体内波传播系数。该方法需要在岩体表面粘贴应变片，根据应变片采集的波形信息分析应力波在岩体内的传播特性。图 6.9(a) 为传统接触式应力波传播试验装置。通常将应变片粘贴于岩杆中间位置，用于采集入射波和反射波。应变片电阻为 120Ω，灵敏度系数为

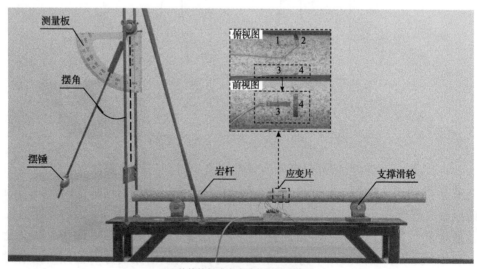

(a) 传统接触式应力波传播试验装置

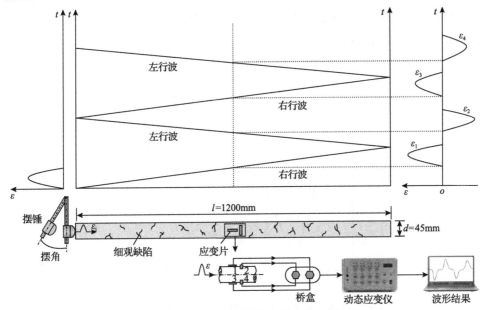

(b) 传统接触式应力波传播试验的流程示意图

图 6.9　传统接触式应力波传播方法（验证）

2 ± 0.01。两个应变片平行于岩杆轴线对称粘贴，以减小应变片与轴线夹角引起的误差。另外两个应变片垂直于岩杆轴线对称粘贴，以减小径向变形引起的误差。

图 6.9(b)为传统接触式应力波传播试验的流程示意图。采用摆锤冲击岩杆左侧自由端产生右行应力波。应变片记录了右行应力波首次到达岩杆中部时的波形 ε_1。右行应力波到达岩杆右侧自由端后被反射为左行应力波。应变片记录了左行应力波到达岩杆中部时的波形 ε_2。应力波在传播过程中会在两个自由端不断发生反射改变传播方向，应变片也会依次记录到 ε_3，ε_4，…，直至应力波衰减为零。由于 ε_1 与 ε_2 应力波幅值较大且两者之间具有明显的时间间隔，通常选择 ε_1 和 ε_2 应力波来验证所提出的非接触应力波传播方法。

图 6.10 为传统接触式应力波传播试验中产生的应力波（验证）。可以看出，应力波在传播过程中发生了幅值衰减。入射波的幅值为 -1.21×10^{-4}，反射的幅值为 1.10×10^{-4}，应力波在传播过程中幅值衰减了 9.1%。

图 6.11 为非接触应力波传播方法与传统接触式应力波传播方法确定的衰减系数。可以看出，随着谐波频率的增加，衰减系数先缓慢增加，然后迅速增加。结果表明，应力波在岩体内传播时，较高频率的谐波衰减大于较低频率的谐波衰减。非接触应力波传播方法与传统接触式应力波传播法确定的衰减系数

具有极高的吻合度。因此，所提出的非接触应力波传播方法可被用于实时非接触确定应力波衰减系数。

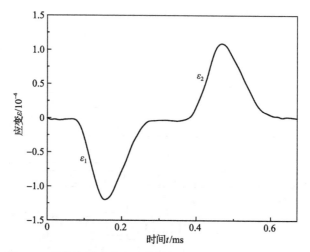

图 6.10 传统接触式应力波传播试验中产生的应力波(验证)

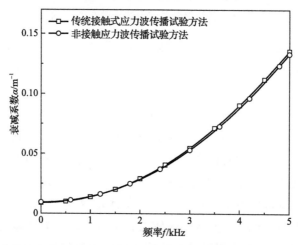

图 6.11 非接触应力波传播方法与传统接触式应力波传播方法确定的衰减系数

图 6.12 为非接触应力波传播方法与传统接触式应力波传播方法确定的波数。可以看出，波数随着谐波频率的增加而近似线性增加。谐波相速度可以通过谐波频率与波数的比值确定。因此，谐波相速度几乎不会随着谐波频率的变化而变化。非接触应力波传播方法与传统接触式应力波传播方法确定的波数具有很好的相似度。因此，所提出的非接触应力波传播方法可被用于实时非接触确定应力波波数。

第 6 章 非接触应力波传播试验

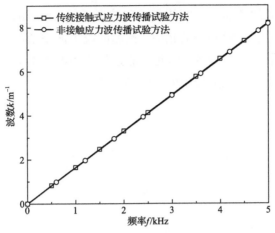

图 6.12 非接触应力波传播方法与传统接触式应力波传播方法确定的波数

6.5.3 非接触应力波传播方法的应用

根据应力波传播理论，应力波传播系数可以用来预测岩体内应力波的幅值衰减和波形耗散。首先，将时域内的应力波进行傅里叶变换，分解为不同频率的谐波。然后，通过传播系数来预测不同频率谐波的传播。最后，对预测的谐波进行傅里叶逆变换，得到时域中的预测应力波，即

$$\varepsilon = F^{-1}\{\tilde{\varepsilon}_1 \exp[-(\alpha + \mathrm{i}k)x]\} \tag{6.3}$$

式中，ε 为预测应力波；$\tilde{\varepsilon}_1$ 为频域中的入射波；α 和 k 分别为非接触应力波传播方法确定的衰减系数和波数；x 为传播距离；t 为时间；F^{-1} 为傅里叶逆变换。

图 6.13 为预测的应力波与试验测量的应力波对比。可以看出，预测的应力

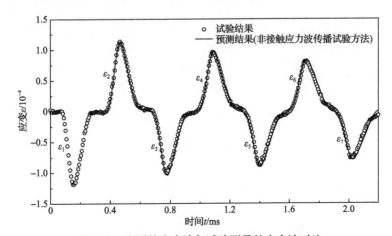

图 6.13 预测的应力波与试验测量的应力波对比

波会随着传播距离的增加发生幅值衰减和波形耗散。预测的应力波波形和幅值与试验测量的应力波波形和幅值相似，预测的应力波幅值与试验测量的应力波幅值的相对误差最大为 3.42%。因此，非接触应力波传播方法确定的衰减系数和波数可以有效地预测花岗岩中的应力波传播。

第7章 非填充节理的动态力学特性试验

天然岩体由完整岩石和不连续结构面组成,岩体的变形主要发生在不连续结构面处。节理刚度是用于评估岩体中不连续结构面变形的重要参数[56-59]。确定岩体的节理刚度对不连续结构面的强度、变形和稳定性分析有重要意义[13,60-62]。反射波信号因其获取便捷而被应用于无损识别岩体节理特性的研究中。本章系统阐述了基于反射波定量识别岩体内非填充节理刚度的试验理论、试样制备、试验装置与试验步骤。

7.1 试 验 理 论

图 7.1 为基于反射波定量识别岩体内非填充节理刚度的试验原理。可以看出,当摆锤撞击含有非填充节理的岩杆时,岩杆内产生了右行入射波,当其传播至 $x = x_0$ 时,可表示为 ε_i,当其继续向右传播至节理 $x = x_1$ 时产生左行反射波和右行透射波,当左行反射波传播至 $x = x_0$ 时,可表示为 ε_r。根据傅里叶变换原理,应力波可表示为不同频率、不同初相的谐波组合。对入射波 ε_i 和反射波 ε_r 进行离散傅里叶变换,得到一系列入射谐波和反射谐波。假设入射谐波的位移为

$$\tilde{u}_i = A_i \exp[ik(x - x_0 + Ct)] \tag{7.1}$$

式中,A_i 为入射谐波的振幅;C 为应力波在完整岩石中的传播速度;k 为波数;$\tilde{u}_i$ 为入射谐波的位移;x 为质点坐标。

波数为

$$k = \frac{\omega}{C} \tag{7.2}$$

式中,ω 为应力波的角频率。

与此类似,假设反射谐波和透射谐波的位移为

$$\tilde{u}_r = A_r \exp[ik(-x + x_0 + Ct)] \tag{7.3}$$

和

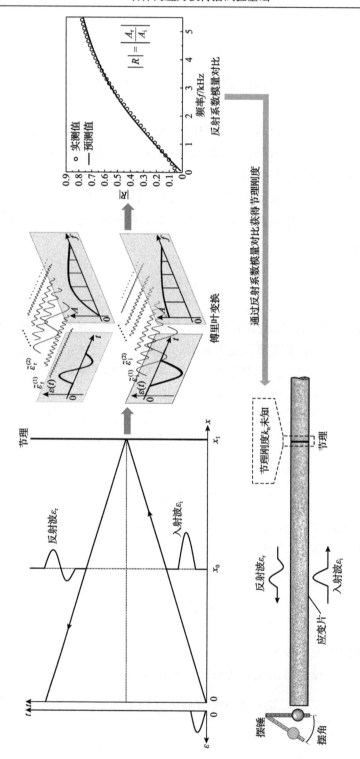

图 7.1 基于反射波定量识别岩体内非填充节理刚度的试验原理

$$\tilde{u}_t = A_t \exp[ik(x - x_0 + Ct)] \tag{7.4}$$

式中，A_r 为反射谐波振幅；A_t 为透射谐波振幅；$\tilde{u}_r$ 为反射谐波的位移；$\tilde{u}_t$ 为透射谐波的位移。

分别将式(7.1)、式(7.3)和式(7.4)对 x 求导，得到入射谐波、反射谐波和透射谐波的应变，即

$$\tilde{\varepsilon}_i = ikA_i \exp[ik(x - x_0 + Ct)] \tag{7.5}$$

$$\tilde{\varepsilon}_r = -ikA_r \exp[ik(-x + x_0 + Ct)] \tag{7.6}$$

$$\tilde{\varepsilon}_t = ikA_t \exp[ik(x - x_0 + Ct)] \tag{7.7}$$

式中，$\tilde{\varepsilon}_i$ 为入射谐波的应变；$\tilde{\varepsilon}_r$ 为反射谐波的应变；$\tilde{\varepsilon}_t$ 为透射谐波的应变。

当岩石产生弹性变形时，其应力-应变关系为

$$\sigma = E\varepsilon \tag{7.8}$$

式中，σ 为应力；E 为岩石的弹性模量。

基于波传播理论，弹性模量为

$$E = \rho C^2 \tag{7.9}$$

式中，ρ 为岩体密度。

联立式(7.5)~式(7.8)，得到入射谐波、反射谐波和透射谐波的应力，即

$$\tilde{\sigma}_i = iEkA_i \exp[ik(x - x_0 + Ct)] \tag{7.10}$$

$$\tilde{\sigma}_r = -iEkA_r \exp[ik(-x + x_0 + Ct)] \tag{7.11}$$

$$\tilde{\sigma}_t = iEkA_t \exp[ik(x - x_0 + Ct)] \tag{7.12}$$

式中，$\tilde{\sigma}_i$ 为入射谐波的应力；$\tilde{\sigma}_r$ 为反射谐波的应力；$\tilde{\sigma}_t$ 为透射谐波的应力。

因此，根据式(7.1)和式(7.3)得到节理左侧的位移，即

$$u^- = \tilde{u}_i + \tilde{u}_r = A_i \exp(ikCt) + A_r \exp(ikCt) \tag{7.13}$$

式中，u^- 为节理左侧的位移。

根据式(7.4)得到节理右侧的位移，即

$$u^+ = \tilde{u}_t = A_t \exp(ikCt) \tag{7.14}$$

式中，u^+ 为节理右侧的位移。

根据式(7.10)和式(7.11)，得到节理左侧的应力，即

$$\sigma^- = \tilde{\sigma}_i + \tilde{\sigma}_r = iEkA_i \exp(ikCt) - iEkA_r \exp(ikCt) \tag{7.15}$$

式中，σ^- 为节理左侧的应力。

根据式(7.12)得到节理右侧的应力，即

$$\sigma^+ = \tilde{\sigma}_t = iEkA_t \exp(ikCt) \tag{7.16}$$

式中，σ^+ 为节理右侧的应力。

根据 DDM 假设[63-65]，当应力波通过线性变形节理时，节理前后的应力场连续，而位移场不连续。因此，节理处的应力和位移边界条件为

$$\sigma^- = \sigma^+ = \sigma \tag{7.17}$$

$$u^- - u^+ = \frac{\sigma}{k_n} \tag{7.18}$$

式中，k_n 为节理刚度。

将式(7.15)和式(7.16)代入式(7.17)，得到节理处的应力边界条件，即

$$iEkA_i \exp(ikCt) - iEkA_r \exp(ikCt) = iEkA_t \exp(ikCt) \tag{7.19}$$

将式(7.13)和式(7.14)代入式(7.18)，得到节理处的位移边界条件，即

$$A_i \exp(ikCt) + A_r \exp(ikCt) - A_t \exp(ikCt) = \frac{iEkA_t \exp(ikCt)}{k_n} \tag{7.20}$$

结合式(7.19)和式(7.20)，可得

$$\begin{cases} A_i - A_r = A_t \\ A_i + A_r - A_t = \dfrac{i\rho C\omega A_t}{k_n} \end{cases} \tag{7.21}$$

将式(7.21)两侧同时除以 A_i，可得

$$\begin{cases} 1 - \dfrac{A_r}{A_i} = \dfrac{A_t}{A_i} \\ 1 + \dfrac{A_r}{A_i} = \left(\dfrac{i\rho C\omega}{k_n} + 1\right)\dfrac{A_t}{A_i} \end{cases} \tag{7.22}$$

由于岩石波阻抗为

$$z = \rho C \tag{7.23}$$

根据式(7.22)和式(7.23)得到应力波通过线性变形节理时的反射系数,即

$$R = \frac{A_\mathrm{r}}{A_\mathrm{i}} = \frac{z^2\omega^2}{4k_\mathrm{n}^2 + z^2\omega^2} + \mathrm{i}\frac{2k_\mathrm{n}z\omega}{4k_\mathrm{n}^2 + z^2\omega^2} \tag{7.24}$$

式中,R为应力波通过单条线性变形节理时的反射系数。

在式(7.24)中,A_r和A_i分别为反射谐波和入射谐波的幅值,可由试验获取。将A_r与A_i的比值取模,可得实测反射系数模量,即

$$|R_\mathrm{e}| = \left|\frac{A_\mathrm{r}}{A_\mathrm{i}}\right| \tag{7.25}$$

式中,$|R_\mathrm{e}|$为应力波通过单条线性变形节理时的实测反射系数模量。

对式(7.24)取模,可得预测反射系数模量,即

$$|R_\mathrm{p}| = \sqrt{\frac{1}{4[k_\mathrm{n}/(z\omega)]^2 + 1}} \tag{7.26}$$

式中,$|R_\mathrm{p}|$为应力波通过单条线性变形节理时的预测反射系数模量。

将式(7.26)与式(7.25)进行拟合,可得节理刚度,即

$$k_\mathrm{n} = \frac{z\omega}{2}\sqrt{\frac{1}{|R_\mathrm{p}|^2} - 1} \tag{7.27}$$

7.2 试样制备

图 7.2 为分离式摆锤冲击试验中采用的花岗岩杆。试验采用的花岗岩杆主要由云母、长石和石英组成。第 1 个花岗岩杆为入射杆,第 2 个花岗岩杆为透射杆。为了满足一维应力波传播理论的要求,减小应力波传播时的横向效应,岩杆长度应大于岩杆直径的 10 倍。两根花岗岩杆的平均直径均为 45mm,截面直径沿轴线的变化范围为±1mm。为了分离入射波和反射波,选用的圆柱形花岗岩杆长度为 1200mm。两根花岗岩杆端部均垂直于水平面。对施加冲击荷载的入射杆自由端面进行打磨处理,入射杆和透射杆的其他自由面均为粗糙面,

以模拟天然节理。裂纹会导致应力波发生衰减和透反射现象，干扰试验结果。因此，在试验开始前对圆柱形花岗岩杆的完整性和均质性进行检查，确保岩杆表面没有明显裂纹。

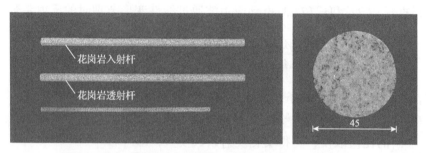

图 7.2　分离式摆锤冲击试验中采用的花岗岩杆(单位：mm)

图 7.3 为分离式摆锤冲击试验中采用的非填充节理。可以看出，试验采用的节理由花岗岩入射杆和花岗岩透射杆的粗糙自由端面结合形成。节理位于两根花岗岩杆的中部，与花岗岩杆的水平轴线垂直。为了减少粗糙自由端面接触范围变化对节理刚度的影响，对花岗岩入射杆和花岗岩透射杆端面进行调整，保证粗糙自由端面接触点始终一致。

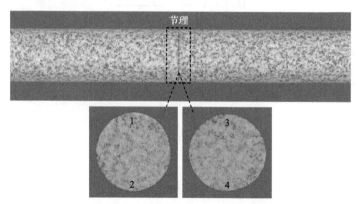

图 7.3　分离式摆锤冲击试验中采用的非填充节理

7.3　试验装置及步骤

1. 试验装置

图 7.4 为测量非填充节理刚度的分离式摆锤冲击试验装置。可以看出，该装置由加载系统、杆组件系统、数据采集系统等组成。加载系统包括摆锤、测

量板和挡板。摆锤用于对岩杆施加冲击荷载。通过改变锤头的形状和长度来控制应力波的波形和波长。测量板可以测量摆锤的摆角，通过改变摆锤初始角度调节冲击能量。挡板用于保证摆锤在第1次撞击后与岩杆脱离，避免对岩杆重复加载。杆组件系统包括岩杆、支撑滑轮和阻挡器。岩杆分为入射杆和透射杆，均用于应力波传播。支撑滑轮用于保证岩杆在动荷载作用后自由滑动，减少摩擦造成的能量损耗。阻挡器用于防止岩杆在试验过程中过度滑移而脱离支撑。节理位于两根花岗岩杆中部，用内径45mm的透明亚克力管固定节理，从而确保节理在受到冲击时不会发生断裂、侧向滑移和转动。数据采集系统由应变片、桥盒、动态应变仪、示波器(可选)和计算机组成。利用图4.3所示应变片采集摆锤加载产生的入射波应变和反射波应变，将应变片连接至桥盒并与动态应变仪连接，最终在计算机上显示入射波应变与反射波应变。

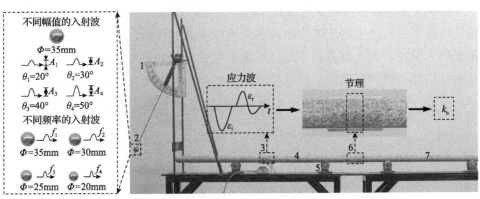

图7.4 测量非填充节理刚度的分离式摆锤冲击试验装置
1.测量板；2.摆锤；3.应变片；4.花岗岩入射杆；5.支撑滑轮；6.节理；7.花岗岩透射杆

2. 试验步骤

分离式摆锤冲击试验主要由测量系统连接、试样安装、应力波测量等步骤组成，其具体试验步骤如下：

(1)确定应变片粘贴位置。为了尽可能获取无叠加的入射波与反射波，将应变片粘贴在花岗岩入射杆中间位置。

(2)按照4.3.2节介绍的应变片粘贴步骤将应变片粘贴至试样指定位置。粘贴完成后，将应变片与动态应变仪进行连接。

(3)打开动态应变仪，使用自动调整功能，进行调零校准工作。

(4)设置动态应变仪参数。动态应变仪的采样率设置为$1\times10^7 s^{-1}$，信号增益设置为1000倍，低通滤波设置为50kHz。

(5) 将花岗岩入射杆与花岗岩透射杆放置在试验装置的支撑滑轮上。将花岗岩入射杆与花岗岩透射杆的粗糙自由端紧密接触形成非填充节理,用内径45mm 的透明亚克力管固定节理。

(6) 调整两根花岗岩杆的高度和位置,使岩杆轴线与锤头轴线对齐。

(7) 选定锤头形状、锤头长度和冲击角度,利用摆锤对岩杆施加动荷载。

(8) 点击应力波测量按钮,读取显示器中的应力波波形,记录并保存数据;对应变仪采集到的入射波和反射波进行频谱分析,最终确定非填充节理的节理刚度。

7.4 试验结果及分析

图 7.5 为试验测量的入射波和反射波。可以看出,当摆锤对花岗岩入射杆施加动荷载后,产生的压缩应力波在入射杆中向右传播,ε_i 为通过应变片向右传播的入射波。该入射波经非填充节理反射成为向左传播的应力波。ε_r 为通过应变片向左传播的反射波。随着时间的增加,入射波从 0 减小至最小值,然后上升至 0;反射波从 0 增加至最大值,然后快速减小至最小值,最终上升至 0。

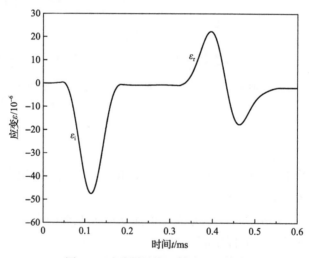

图 7.5 试验测量的入射波和反射波

然后,对入射波和反射波进行离散傅里叶变换,得到入射波和反射波的频谱。经离散傅里叶变换后的频谱关于 $\omega = 0$ 对称,所以只对 $\omega > 0$ 时的频谱进行分析。

图 7.6 为入射波和反射波频谱图。可以看出，随着谐波频率的增加，入射波的频谱振幅不断减小；反射波频谱振幅先增加后减小。当谐波频率相同时，入射波的频谱振幅总是大于反射波的频谱振幅，且二者的差值随着频率的增加而减小。当谐波频率足够大时，入射波的频谱振幅和反射波的频谱振幅均接近零。将离散傅里叶变换后的入射波谐波和反射波谐波代入式(7.24)，即可得到反射系数。

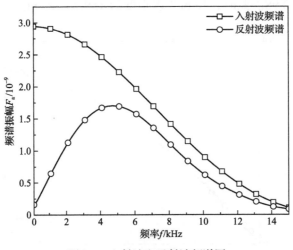

图 7.6　入射波和反射波频谱图

将反射系数 R、角频率 ω 和波阻抗 z 代入式(7.27)即可得到节理刚度。图 7.7

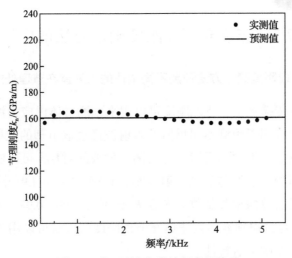

图 7.7　节理刚度与谐波频率的关系

为节理刚度与谐波频率的关系。可以看出，随着谐波频率的增加，节理刚度始终在一个定值附近变化。谐波频率对节理刚度的影响可以忽略不计。

图 7.8 为实测反射系数模量和预测反射系数模量。实测反射系数模量为反射波谐波与入射波谐波的比值。将波阻抗 z、角频率 ω 代入式(7.26)得到预测反射系数模量。通过拟合预测反射系数模量与实测反射系数模量得到预测节理刚度。可以看出，预测反射系数模量与实测反射系数模量较为吻合，两者相关系数的平方 $R^2=0.98$。此时，预测节理刚度为 159.76GPa/m。

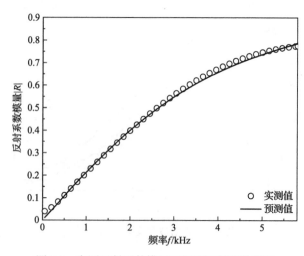

图 7.8　实测反射系数模量和预测反射系数模量

7.5　非填充节理刚度确定方法的应用

7.5.1　非填充节理刚度确定方法预测不同幅值的入射波在节理处的反射特性

根据应力波传播理论，节理刚度可以用来预测岩体内应力波的传播。将之前测定的节理刚度用于预测不同幅值的入射波经过该节理的反射波。图 7.9 为不同幅值入射波情况下预测反射波与实测反射波的对比。可以看出，不同幅值入射波情况下预测反射波与实测反射波吻合较好。在图 7.9(a)～(d)中，预测反射波与实测反射波的相关系数的平方 R^2 分别为 0.99、0.98、0.99 和 0.99。因此，基于反射波定量识别岩体内非填充节理刚度的方法可以用于预测不同幅值下应力波在节理处的反射特性。

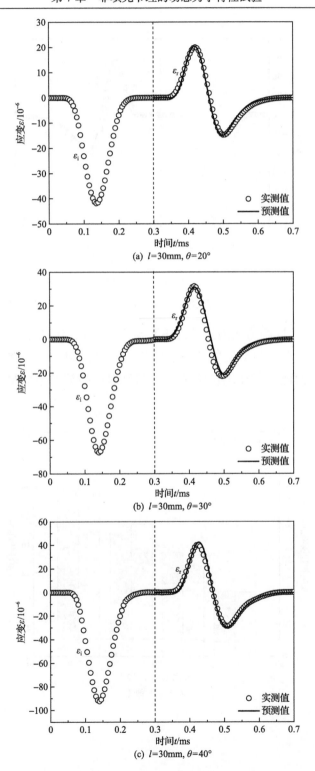

(a) $l=30\text{mm}, \theta=20°$

(b) $l=30\text{mm}, \theta=30°$

(c) $l=30\text{mm}, \theta=40°$

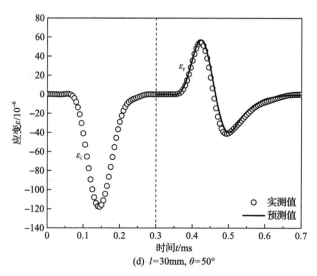

(d) $l=30mm, \theta=50°$

图 7.9 不同幅值入射波情况下预测反射波与实测反射波的对比

图 7.10 为不同幅值入射波情况下预测反射波幅值与实测反射波幅值的相对误差。可以看出，预测反射拉伸波幅值与实测反射拉伸波幅值的最大相对误差为 2.5%；预测反射压缩波幅值与实测反射压缩波幅值的最大相对误差为 3.3%。

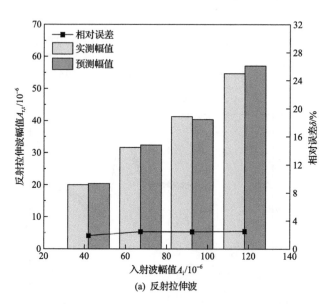

(a) 反射拉伸波

第 7 章 非填充节理的动态力学特性试验

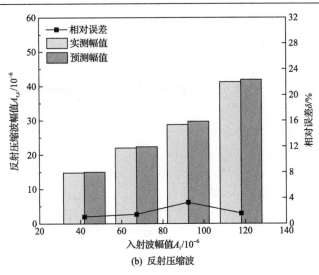

(b) 反射压缩波

图 7.10 不同幅值入射波情况下预测反射波幅值与实测反射波幅值的相对误差

7.5.2 非填充节理刚度确定方法预测不同频率的入射波在节理处的反射特性

将之前测定的节理刚度用于预测不同频率的入射波经过该节理的反射波。图 7.11 为不同频率入射波情况下预测反射波与实测反射波的对比。图 7.11(a)～(d)中入射波频率分别为 2.5kHz、3.1kHz、3.8kHz 和 4.5kHz，入射波幅值均为 6.0×10^{-5}。可以看出，不同频率入射波情况下预测反射波与实测反射波吻合较好。预测反射波与实测反射波相关系数的平方 R^2 分别为 0.99、0.99、0.98 和 0.99。因此，基于反射波定量识别岩体内非填充节理刚度的方法可以用于预测不同频率下应力波在节理处的反射特性。

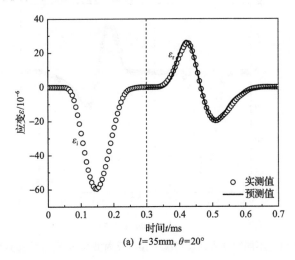

(a) $l=35mm, \theta=20°$

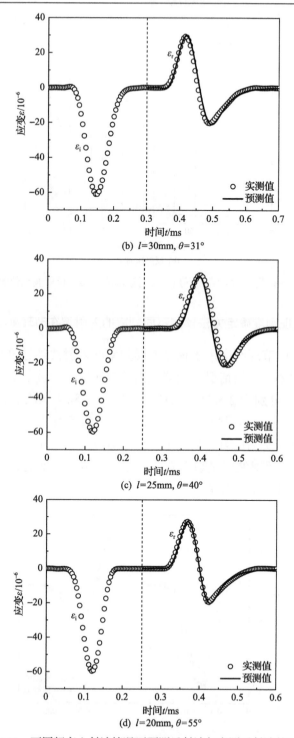

图 7.11 不同频率入射波情况下预测反射波与实测反射波的对比

图 7.12 为不同频率入射波情况下预测反射波幅值与实测反射波幅值的相对误差。可以看出，预测反射拉伸波幅值与实测反射拉伸波幅值的最大相对误差为 1.2%；预测反射压缩波幅值与实测反射压缩波幅值的最大相对误差为 3.7%。

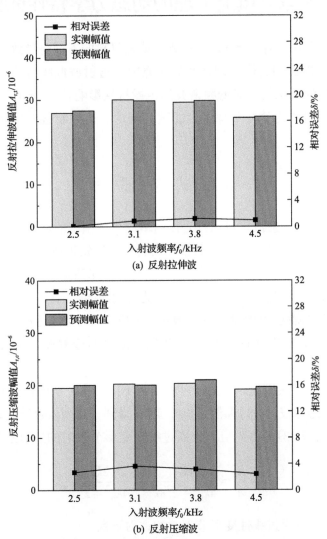

图 7.12　不同频率入射波情况下预测反射波幅值与实测反射波幅值的相对误差

第8章 填充节理的动态力学特性试验

天然岩体中存在各类填充节理，节理填充材料的不同将导致节理刚度的差异[66-69]。在无损识别岩体节理特性的研究中，透射波低频谐波含量较高，试验测量所产生的干扰信号对低频谐波的传播特性影响较小。本章介绍了基于透射波定量识别岩体内填充节理刚度的试验理论、试样制备、试验装置与试验步骤。

8.1 试验理论

图 8.1 为基于透射波定量识别岩体内填充节理刚度的试验原理。可以看出，使用摆锤冲击岩杆自由端产生右行波。当右行波最先到达应变片 I 时，被记为入射波 ε_i。当入射波在传播过程中遇到 $x = x_0$ 处的节理时，会发生反射与透射。透过节理的右行波到达应变片 II 时，被记为透射波 ε_t。

假设波在传播过程中没有损耗衰减，则应变片 I 处所测量的入射波可等效为节理处的入射波。同理，应变片 II 处所测量的透射波可等效为节理处的透射波。

根据傅里叶变换原理，应力波可表示为不同频率、不同初相的谐波组合。对入射波 ε_i 和透射波 ε_t 进行离散傅里叶变换，得到一系列入射谐波和透射谐波。由式(7.1)~式(7.23)可得到应力波通过线性变形节理时的透射系数[65, 69]，即

$$T = \frac{A_t}{A_i} = \frac{4k_n^2}{4k_n^2 + z^2\omega^2} + i\frac{-2k_n z\omega}{4k_n^2 + z^2\omega^2} \tag{8.1}$$

式中，T 为应力波通过线性变形节理时的透射系数。

在式(8.1)中，A_t 和 A_i 分别为透射谐波和入射谐波的幅值，可由试验获取。将 A_t 和 A_i 的比值取模，可得实测透射系数模量，即

$$|T_e| = \left|\frac{A_t}{A_i}\right| \tag{8.2}$$

式中，$|T_e|$ 为应力波通过单条线性变形节理时的实测透射系数模量。

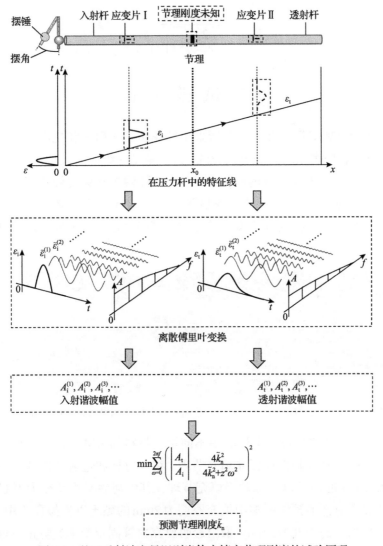

图 8.1 基于透射波定量识别岩体内填充节理刚度的试验原理

对式(8.1)取模,可得预测透射系数模量,即

$$|T_{\mathrm{p}}| = \sqrt{\frac{4k_{\mathrm{n}}^2}{4k_{\mathrm{n}}^2 + z^2\omega^2}} \tag{8.3}$$

式中,$|T_{\mathrm{p}}|$为应力波通过单条线性变形节理时的预测透射系数模量。

将式(8.3)与式(8.2)进行拟合,可得节理刚度,即

$$k_{\mathrm{n}} = \frac{z\omega}{2} \frac{|T_{\mathrm{p}}|}{\sqrt{1-|T_{\mathrm{p}}|^2}} \tag{8.4}$$

8.2 试样制备

图 8.2 为分离式摆锤冲击试验所采用的花岗岩入射杆和花岗岩透射杆。可以看出,花岗岩杆表面均匀完整无裂纹。为了满足一维应力波传播理论的要求,试验采用平均直径为 45mm 的圆柱形花岗岩杆。两根花岗岩杆长度和密度均相同,岩杆长度均为 1200mm,岩杆密度为 2650.3kg/m³。两根花岗岩杆的自由端均垂直于岩杆轴线。在进行分离式摆锤冲击试验之前,对施加冲击荷载的入射杆自由端进行打磨处理。

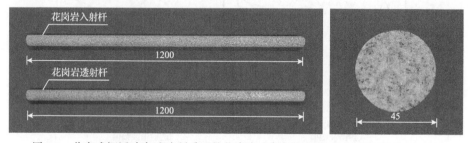

图 8.2 分离式摆锤冲击试验所采用的花岗岩入射杆和花岗岩透射杆(单位:mm)

图 8.3 为分离式摆锤冲击试验中不同填充材料的节理。使入射杆和透射杆的粗糙自由端紧密接触以模拟非填充节理。在入射杆和透射杆的预置间隙中填充厚度为 2mm 的河砂以模拟砂层填充节理,其中河砂平均粒径为 0.125mm。在入射杆和透射杆的预置间隙中填充厚度为 2mm 的黏土以模拟黏土填充节理,其中黏土平均粒径为 0.075mm。采用透明亚克力管固定节理,防止节理发生侧向滑移,避免河砂和黏土的溢出。

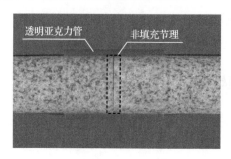
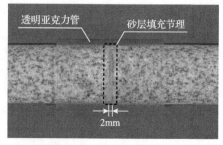

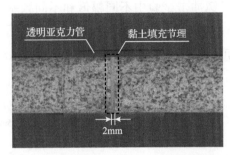

图 8.3 分离式摆锤冲击试验中不同填充材料的节理

8.3 试验装置及步骤

1. 试验装置

图 8.4 为测量填充节理刚度的分离式摆锤冲击试验装置。在分离式摆锤冲击试验中,摆锤用于对岩杆施加冲击荷载,测量板用于测量摆锤冲击角度,焊接挡板用于避免摆锤对岩杆的重复加载,支撑滑轮用于保证岩杆在动荷载作用后自由滑动。所制备的节理位于花岗岩入射杆和花岗岩透射杆的连接处,用于模拟天然岩体中的填充节理。应变片Ⅰ粘贴于入射杆的中间,用于采集入射波 ε_i;应变片Ⅱ粘贴于透射杆的中间,用于采集透射波 ε_t。将应变片Ⅰ与桥盒Ⅰ连接,将应变片Ⅱ与桥盒Ⅱ连接,将桥盒Ⅰ与桥盒Ⅱ分别与动态应变仪连接。根据所记录的入射波 ε_i 与透射波 ε_t 确定不同填充材料节理的节理刚度。

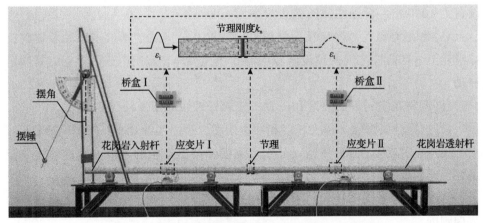

图 8.4 测量填充节理刚度的分离式摆锤冲击试验装置

图 8.5 为分离式摆锤冲击试验中不同幅值和不同频率的入射波。试验采用直径为 20mm、25mm、30mm 和 35mm 的摆锤，得到不同频率的入射波。试验采用 25°、30°、35°和 40°的摆角，得到不同幅值的入射波。

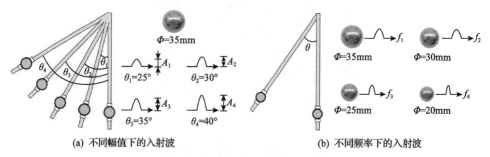

(a) 不同幅值下的入射波　　　　　　(b) 不同频率下的入射波

图 8.5　分离式摆锤冲击试验中不同幅值和不同频率的入射波

2. 试验步骤

含不同填充材料节理的分离式摆锤冲击试验主要由测量系统连接、试样安装、应力波测量等步骤组成，其具体试验步骤如下：

(1) 确定应变片粘贴位置。为了尽可能获取无叠加的入射波与透射波，将两组应变片分别粘贴在花岗岩入射杆与花岗岩透射杆的中间位置。

(2) 参考 4.3.2 节介绍的应变片粘贴步骤将应变片粘贴至岩杆指定位置。粘贴完成后，将应变片与动态应变仪进行连接。

(3) 打开动态应变仪，使用自动调整功能，进行调零校准工作。

(4) 设置动态应变仪参数。动态应变仪的采样率设置为 $1\times10^{7}\mathrm{s}^{-1}$，信号增益设置为 1000 倍，低通滤波的截止频率为 50kHz。

(5) 将花岗岩入射杆与花岗岩透射杆放置在分离式摆锤冲击试验装置的支撑滑轮上。在两杆之间的预设间隙中制作填充节理，并使用透明亚克力管固定节理。

(6) 调整花岗岩杆的高度和位置，使岩杆轴线与摆锤轴线对齐。

(7) 选定锤头形状、锤头长度和冲击角度，利用摆锤对岩杆施加动荷载。

(8) 点击应力波测量按钮，分别采集摆锤冲击产生的入射波和透射波，记录并保存数据。

(9) 分析应变仪采集到的入射波和透射波频谱，确定不同填充材料节理的节理刚度。

8.4 试验结果及分析

图 8.6 为不同节理情况下入射波和透射波。ε_i 为通过应变片 I 向右传播的入射波。ε_t 为通过应变片 II 向右传播的透射波。当应力波通过节理时，透射波幅值相比入射波幅值会发生衰减。当应力波通过非填充节理时，幅值衰减最小，透射波周期最小；当应力波通过砂层填充节理时，幅值衰减较大，透射波周期较大；当应力波通过黏土填充节理时，幅值衰减最大，透射波周期最大。

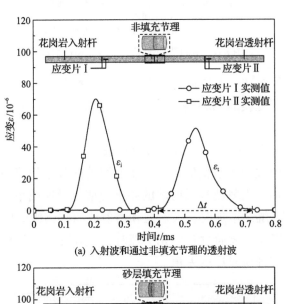

(a) 入射波和通过非填充节理的透射波

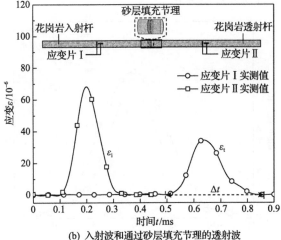

(b) 入射波和通过砂层填充节理的透射波

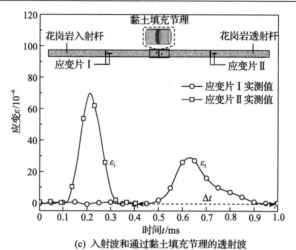

(c) 入射波和通过黏土填充节理的透射波

图 8.6　不同节理情况下入射波和透射波

然后，对入射波和透射波进行离散傅里叶变换，得到入射波和透射波的频谱。经离散傅里叶变换后的频谱关于 $\omega = 0$ 对称，只针对 $\omega > 0$ 时的频谱进行分析。

图 8.7 为不同节理情况下入射波和透射波的频谱图。可以看出，在相同的谐波频率下，入射波的频谱幅值总是大于透射波的频谱幅值。当 $\omega > 0$ 时，随着谐波频率的增加，入射波和透射波的频谱幅值先迅速减小，然后缓慢减小；最后，当谐波频率继续增加时，入射波和透射波的频谱幅值均趋近于零。在相同谐波频率下，当应力波通过非填充节理时，入射波与透射波频谱幅值的差值小于其通过填充节理所对应的差值。

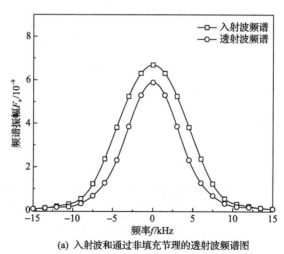

(a) 入射波和通过非填充节理的透射波频谱图

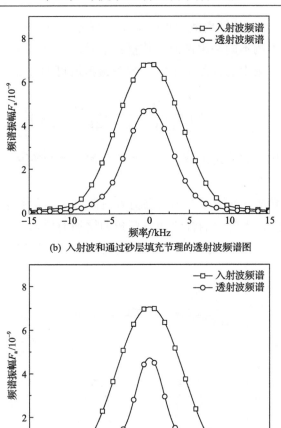

(b) 入射波和通过砂层填充节理的透射波频谱图

(c) 入射波和通过黏土填充节理的透射波频谱图

图 8.7 不同节理情况下入射波和透射波的频谱图

对时域中测量的入射波和透射波进行离散傅里叶变换后，得到相应频率的入射谐波和透射谐波。对透射谐波与入射谐波的比值取模，然后将式(8.3)与取模结果进行拟合，得到节理刚度。非填充节理刚度为 110.07GPa/m，砂层填充节理刚度为 52.94GPa/m，黏土填充节理刚度为 32.56GPa/m。

8.5 填充节理刚度确定方法的应用

8.5.1 填充节理刚度确定方法预测不同幅值的入射波在节理处的透射特性

根据应力波传播理论，可将所测节理刚度用于预测通过节理的时域透射波。首先，将时域入射波经离散傅里叶变换分解为不同频率的入射谐波；然后，将节理刚度用于预测不同频率谐波的传播；最后，对预测的谐波进行离散傅里叶逆变换，确定时域中的预测透射波。预测透射波可通过如下公式确定：

$$\varepsilon_{\mathrm{t,p}} = F^{-1}\left[\tilde{\varepsilon}_{\mathrm{i}}\left(\frac{4\tilde{k}_{\mathrm{n}}^2}{4\tilde{k}_{\mathrm{n}}^2+z^2\omega^2} + \mathrm{i}\frac{-2\tilde{k}_{\mathrm{n}}z\omega}{4\tilde{k}_{\mathrm{n}}^2+z^2\omega^2}\right)\right] \tag{8.5}$$

式中，$\varepsilon_{\mathrm{t,p}}$ 为时域中的预测透射波；$\tilde{\varepsilon}_{\mathrm{i}}$ 为经离散傅里叶变换得到的入射谐波；F^{-1} 为离散傅里叶逆变换。

图 8.8 为非填充节理情况下不同幅值入射波对应的预测透射波与实测透射波对比。可以看出，入射波的幅值随着摆角的增加而增加，但不同摆角下入射波的周期基本相同。在不同摆角下，预测的透射波幅值始终低于实测的透射波

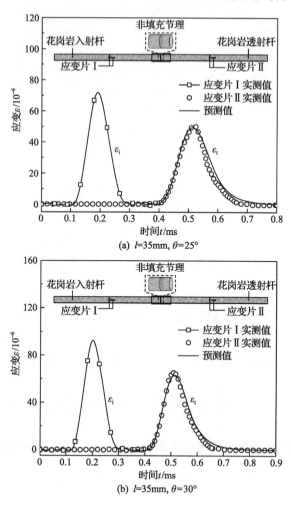

(a) $l=35\mathrm{mm}, \theta=25°$

(b) $l=35\mathrm{mm}, \theta=30°$

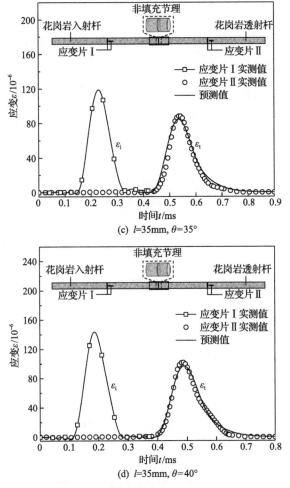

图 8.8 非填充节理情况下不同幅值入射波对应的预测透射波与实测透射波对比

幅值，而预测透射波和实测透射波的周期基本相同。在不同入射波幅值下，预测透射波和实测透射波均吻合较好。

图 8.9 为砂层填充节理情况下不同幅值入射波对应的预测透射波与实测透射波对比。可以看出，不同摆角时，实测透射波的幅值总是大于预测透射波的幅值，而实测透射波的周期总是小于预测透射波的周期。低幅值($\theta=25°$)时的预测透射波与实测透射波的吻合程度要明显高于高幅值($\theta=40°$)时所对应的吻合程度。

图 8.10 为黏土填充节理情况下不同幅值入射波对应的预测透射波与实测透射波对比。可以看出，不同摆角时，实测透射波的幅值总是大于预测透射波的幅值，而实测透射波的周期总是小于预测透射波的周期。低幅值($\theta=25°$)时的预测透射波与实测透射波的吻合程度要明显高于高幅值($\theta=40°$)时的吻合程度。

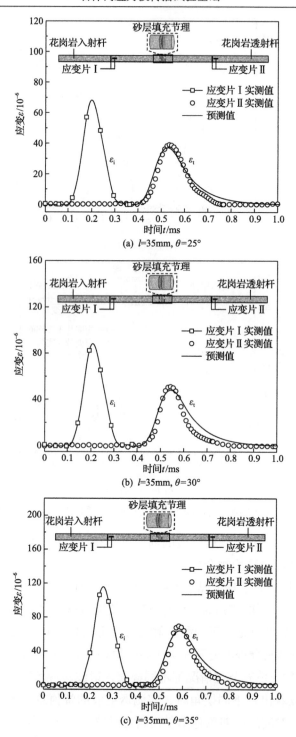

(a) $l=35\text{mm}, \theta=25°$

(b) $l=35\text{mm}, \theta=30°$

(c) $l=35\text{mm}, \theta=35°$

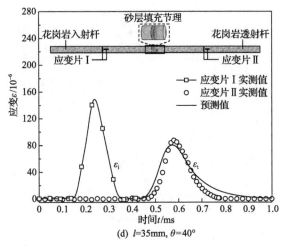

(d) $l=35mm, \theta=40°$

图 8.9 砂层填充节理情况下不同幅值入射波对应的预测透射波与实测透射波对比

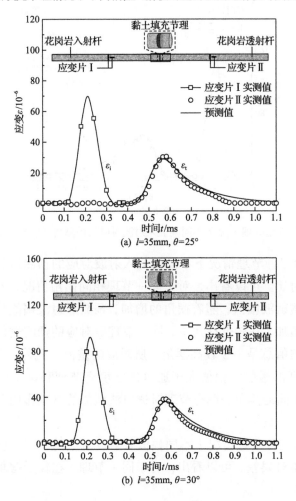

(a) $l=35mm, \theta=25°$

(b) $l=35mm, \theta=30°$

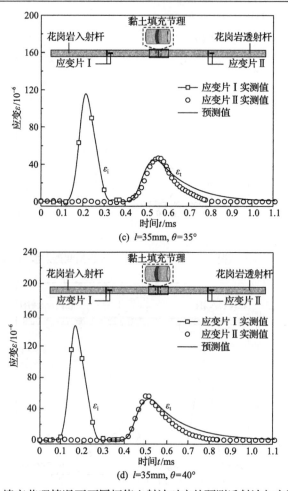

图 8.10 黏土填充节理情况下不同幅值入射波对应的预测透射波与实测透射波对比

图 8.11 为三种节理情况下不同幅值入射波对应的预测透射波幅值与实测透射波幅值的对比。可以看出，对于同一节理相同摆角情况，实测透射波幅值总是大于预测透射波幅值，随着摆角的增加，预测透射波幅值与实测透射波幅值的差值也在增加。在较低摆角下，同一节理所对应的预测透射波幅值与实测透射波幅值的差值总是小于较高摆角下所对应的差值。此外，当摆角相同时，通过非填充节理的透射波幅值大于通过砂层填充节理和黏土填充节理的透射波幅值。对于相同的摆角，填充节理对透射波幅值的衰减作用明显大于非填充节理。

图 8.12 为三种节理情况下不同幅值入射波对应的预测透射波幅值与实测透射波幅值的相对误差。可以看出，对于同一节理，在较低摆角下的预测透射

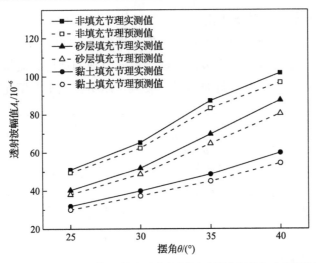

图 8.11 三种节理情况下不同幅值入射波对应的预测透射波幅值与实测透射波幅值的对比

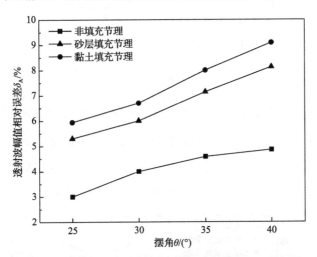

图 8.12 三种节理情况下不同幅值入射波对应的预测透射波幅值与实测透射波幅值的相对误差

波幅值与实测透射波幅值的相对误差始终小于较高摆角下的相对误差。填充节理刚度确定方法预测在较低幅值情况下的透射波幅值精度更高。此外，对于不同节理，当摆角相同时，填充节理刚度确定方法预测透射波幅值与实测透射波幅值相对误差较小。所以，该方法可以较好地预测不同幅值的入射波经过节理的透射波幅值。

图 8.13 为三种节理情况下不同幅值入射波对应的预测能量与实测能量对比。可以看出，对于同一节理相同摆角情况，实测透射波能量总是小于预测透射波能量。随着摆角的增加，预测透射波能量与实测透射波能量均增加。对于

同一节理,在较低摆角情况下的预测透射波能量与实测透射波能量的差值总是小于较高摆角情况下所对应的差值。此外,当摆角相同时,通过非填充节理的透射波能量大于通过砂层填充节理和黏土填充节理的透射波能量。因此,对于相同的摆角,填充节理对透射波能量的衰减作用明显大于非填充节理。

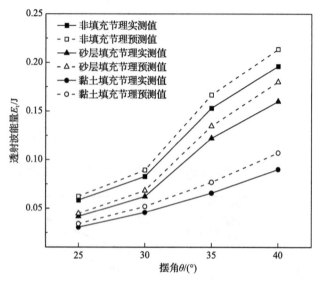

图 8.13 三种节理情况下不同幅值入射波对应的预测能量与实测能量对比

图 8.14 为三种节理情况下不同幅值入射波对应的预测透射波能量与实测透射波能量的相对误差。可以看出,对于同一节理在较低摆角情况下的相对误差始终小于较高摆角下的相对误差。填充节理刚度确定方法预测较低幅值下的

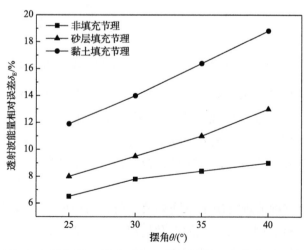

图 8.14 三种节理情况下不同幅值入射波对应的预测透射波能量与实测透射波能量的相对误差

透射波能量精度更高。此外，对于不同节理在相同摆角情况时，填充节理刚度确定方法预测透射波能量与实测透射波能量相对误差始终较小。所以，该方法可以较好地预测不同幅值的入射波经过节理的透射波能量。

8.5.2 填充节理刚度确定方法预测不同频率的入射波在节理处的透射特性

图 8.15 为非填充节理情况下不同频率入射波对应的预测透射波与实测透射波对比。可以看出，不同长度的摆锤冲击岩杆所产生入射波幅值相近。在入射频率不同时，预测透射波的幅值总是低于实测透射波的幅值，预测透射波的周期与实测透射波的周期相近。随着入射波频率的增加，经过该非填充节理的透射波幅值和周期均减小。在不同入射频率下，预测透射波与实测透射波具有较高的相似度。

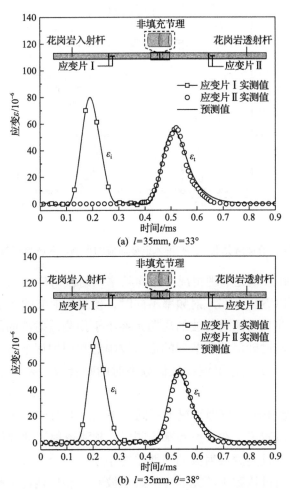

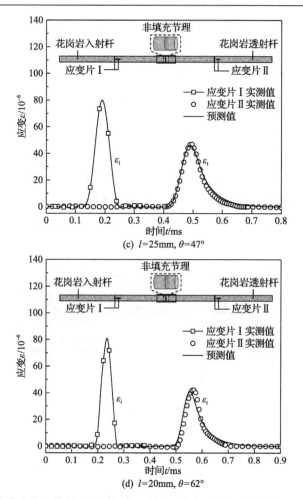

图 8.15 非填充节理情况下不同频率入射波对应的预测透射波与实测透射波对比

图 8.16 为砂层填充节理情况下不同频率入射波对应的预测透射波与实测透射波对比。可以看出，在入射频率不同时，预测透射波的幅值总是低于实测透射波的幅值，并且实测透射波的周期始终小于预测透射波的周期。随着入射波频率的增加，通过砂层填充节理的透射波幅值和周期逐渐减小。通过砂层节理的预测透射波和实测透射波在较低频率时的吻合效果要优于在较高频率时的吻合效果。

图 8.17 为黏土填充节理情况下不同频率入射波对应的预测透射波与实测透射波对比。可以看出，在入射频率不同时，预测透射波的幅值总是低于实测透射波的幅值，并且实测透射波的周期始终小于预测透射波的周期。随着入射波频率的增加，通过该黏土填充节理的透射波幅值和周期逐渐减小。通过黏土

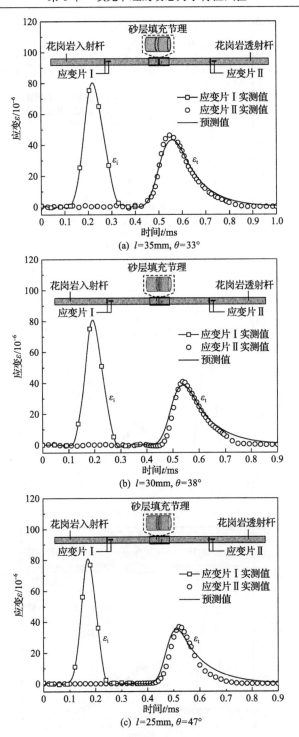

(a) $l=35\text{mm}, \theta=33°$

(b) $l=30\text{mm}, \theta=38°$

(c) $l=25\text{mm}, \theta=47°$

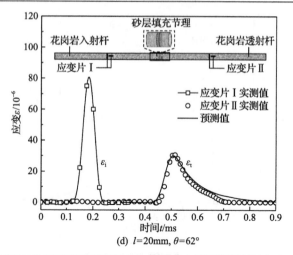

(d) $l=20\text{mm}, \theta=62°$

图 8.16 砂层填充节理情况下不同频率入射波对应的预测透射波与实测透射波对比

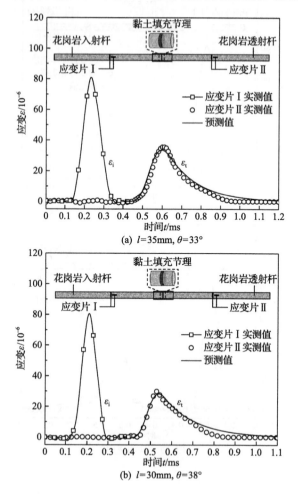

(a) $l=35\text{mm}, \theta=33°$

(b) $l=30\text{mm}, \theta=38°$

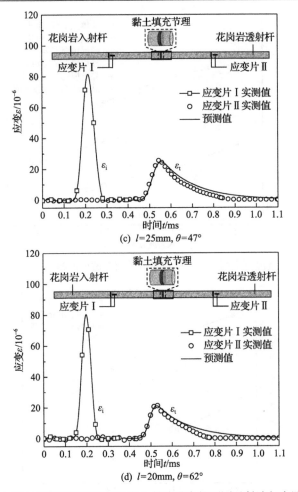

图 8.17 黏土填充节理情况下不同频率入射波对应的预测透射波与实测透射波对比

填充节理的预测透射波和实测透射波在较低频率时的吻合效果要优于在较高频率时的吻合效果。

图 8.18 为三种节理情况下不同频率入射波对应的预测透射波幅值与实测透射波幅值对比。可以看出,对于同一节理在相同入射波频率情况下,实测透射波幅值总是大于预测透射波幅值。随着入射波频率的增加,预测透射波幅值与实测透射波幅值均不断减小,并且预测透射波幅值与实测透射波幅值的差值不断减小。此外,当入射波频率相同时,通过非填充节理的透射波幅值大于通过砂层填充节理和黏土填充节理的透射波幅值。因此,对于相同的入射波频率,填充节理对透射波幅值的衰减作用明显大于非填充节理。

图 8.19 为三种节理情况下不同频率入射波对应的预测透射波幅值与实测

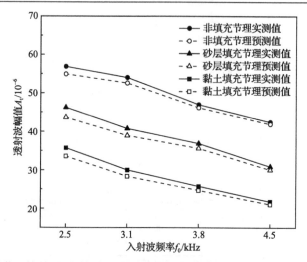

图 8.18 三种节理情况下不同频率入射波对应的预测透射波幅值与实测透射波幅值对比

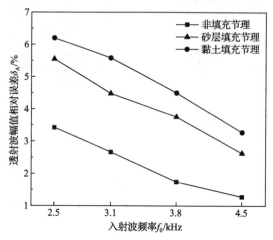

图 8.19 三种节理情况下不同频率入射波对应的预测透射波幅值与实测透射波幅值的相对误差

透射波幅值的相对误差。可以看出，对于同一节理，在较低入射波频率下的相对误差始终大于较高入射波频率下的相对误差。这一结果表明，填充节理刚度确定方法预测较高频率下的透射波幅值精度更高。对于不同节理在入射波频率相同时，填充节理刚度确定方法预测的透射波幅值与实测的透射波幅值相对误差较小。所以，该方法可以较好地预测不同频率的入射波经过节理的透射波幅值。

图 8.20 为三种节理情况下不同频率入射波对应的预测透射波能量与实测透射波能量对比。可以看出，对于同一节理在相同入射波频率情况下，实测透射波能量总是小于预测透射波能量。随着入射波频率的增加，预测透射波能量

与实测透射波能量均不断减小,并且预测透射波能量与实测透射波能量的差值不断减小。此外,当入射波频率相同时,通过非填充节理的透射波能量大于通过砂层填充节理和黏土填充节理的透射波能量。因此,对于相同的入射波频率,填充节理对透射波能量的衰减作用明显大于非填充节理。

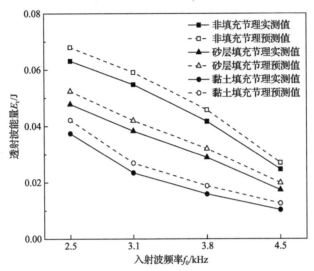

图 8.20　三种节理情况下不同频率入射波对应的预测透射波能量与实测透射波能量对比

图 8.21 为三种节理情况下不同频率入射波对应的预测透射波能量与实测透射波能量的相对误差。可以看出,对于同一节理,在较低入射频率情况下的相对误差始终小于在较高入射频率情况下的相对误差。这一结果表明,填充节理刚度确定方法预测较低频率下的透射波能量精度更高。对于不同节理,当入

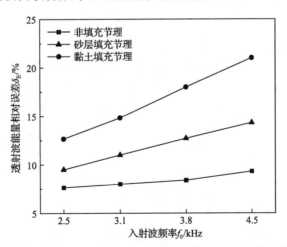

图 8.21　三种节理情况下不同频率入射波对应的预测透射波能量与实测透射波能量的相对误差

射波频率相同时,填充节理刚度确定方法预测透射波能量与实测透射波能量相对误差较小。所以,该方法可以较好地预测不同频率的入射波经过节理的透射波能量。

参 考 文 献

[1] Peng J, Rong G, Tang Z C, et al. Microscopic characterization of microcrack development in marble after cyclic treatment with high temperature. Bulletin of Engineering Geology and the Environment, 2019, 78(8): 5965-5976.

[2] Wu Q H, Weng L, Zhao Y L, et al. On the tensile mechanical characteristics of fine-grained granite after heating/cooling treatments with different cooling rates. Engineering Geology, 2019, 253: 94-110.

[3] Rathnaweera T D, Ranjith P G, Gu X, et al. Experimental investigation of thermomechanical behaviour of clay-rich sandstone at extreme temperatures followed by cooling treatments. International Journal of Rock Mechanics and Mining Sciences, 2018, 107(107): 208-223.

[4] Jin P H, Hu Y Q, Shao J X, et al. Influence of temperature on the structure of pore–fracture of sandstone. Rock Mechanics and Rock Engineering, 2019, 53(1): 1-12.

[5] Lei R D, Wang Y, Zhang L, et al. The evolution of sandstone microstructure and mechanical properties with thermal damage. Energy Science and Engineering, 2019, 7(6): 3058-3075.

[6] Wu X H, Guo Q F, Zhu Y, et al. Pore structure and crack characteristics in high-temperature granite under water-cooling. Case Studies in Thermal Engineering, 2021, 28: 101646.

[7] Zhou Y A, Wu Z J, Weng L, et al. Seepage characteristics of chemical grout flow in porous sandstone with a fracture under different temperature conditions: An NMR based experimental investigation. International Journal of Rock Mechanics and Mining Sciences, 2021, 142: 104764.

[8] Han D Y, Yang H. Effects of tensile stresses on wave propagation across stylolitic rock joints. International Journal of Rock Mechanics and Mining Sciences, 2021, 139: 104617.

[9] 郝召兵, 秦静欣, 伍向阳, 等. 地震波品质因子 Q 研究进展综述. 地球物理学进展, 2009, 24(2): 375-381.

[10] 周浩, 符力耘. 超声试验中谱比法衰减的散射与本征吸收特性. 地球物理学报, 2018, 61(3): 1083-1094.

[11] Ma R P, Ba J, Lebedev M, et al. Effect of pore fluid on ultrasonic S-wave attenuation in partially saturated tight rocks. International Journal of Rock Mechanics and Mining Sciences, 2021, 147: 104910.

[12] 金解放, 张琦, 袁伟, 等. 具有轴向静应力的变截面岩石应力波频散特性. 中南大学学报, 2021, 52(8): 2622-2633.

[13] Li J C, Li N N, Li H B, et al. An SHPB test study on wave propagation across rock masses with different contact area ratios of joint. International Journal of Impact Engineering, 2017, 105: 109-116.

[14] Chen X, Cai M F, Li J C, et al. Theoretical analysis of JMC effect on stress wave transmission and reflection. International Journal of Minerals, Metallurgy, and Materials, 2018, 25(11): 1237-1245.

[15] Yang H, Duan H F, Zhu J B. Experimental study on the role of clay mineral and water saturation in ultrasonic P-wave behaviours across individual filled rock joints. International Journal of Rock Mechanics and Mining Sciences, 2023, 168: 105393.

[16] Fan L F, Ma G W, Li J C. Nonlinear viscoelastic medium equivalence for stress wave propagation in a jointed rock mass. International Journal of Rock Mechanics and Mining Sciences, 2012, 50: 11-18.

[17] Tang Z Q, Zhai C, Li Y. The attenuation of ultrasonic waves in coal: The significance in increasing their propagation distance. Natural Hazards, 2017, 89(1): 57-77.

[18] Wang P, Xu J Y, Liu S. Ultrasonic method to evaluate the residual properties of thermally damaged sandstone based on time-frequency analysis. Nondestructive Testing and Evaluation, 2015, 30(1): 74-88.

[19] Zhang W Q, Qian H T, Sun Q, et al. Experimental study of the effect of high temperature on primary wave velocity and microstructure of limestone. Environmental Earth Sciences, 2015, 74(7): 5739-5748.

[20] Zhang W Q, Sun Q, Hao S Q, et al. Experimental study on the variation of physical and mechanical properties of rock after high temperature treatment. Applied Thermal Engineering, 2016, 98: 1297-1304.

[21] Qin Y, Tian H, Xu N X, et al. Physical and mechanical properties of granite after high-temperature treatment. Rock Mechanics and Rock Engineering, 2019, 53(1): 305-322.

[22] Dehghani B, Amirkiyaei V, Ebrahimi R, et al. Thermal loading effect on P-wave form and power spectral density in crystalline and non-crystalline rocks. Arabian Journal of Geosciences, 2020, 13(16): 779.

[23] Zhang J Y, Shen Y J, Yang G S, et al. Inconsistency of changes in uniaxial compressive strength and P-wave velocity of sandstone after temperature treatments. Journal of Rock Mechanics and Geotechnical Engineering, 2021, 13(1): 143-153.

[24] 金解放, 王杰, 郭钟群, 等. 围压对红砂岩应力波传播特性的影响. 煤炭学报, 2009, 44(2): 435-444.

[25] Jin J F, Yuan W, Wu Y, et al. Effects of axial static stress on stress wave propagation in rock considering porosity compaction and damage evolution. Journal of Central South University, 2020, 27(2): 592-607.

[26] 金解放, 钟依禄, 余雄, 等. 岩石应力波分形分析方法的研究. 有色金属科学与工程, 2021, 12(3): 85-91.

[27] Yang Q H, Wang M, Zhao X, et al. Experimental study of frequency-temperature coupling effects on wave propagation through granite. International Journal of Rock Mechanics and Mining Sciences, 2023, 162: 105326.

[28] Niu L L, Zhu W C, Li S H, et al. Determining the viscosity coefficient for viscoelastic wave propagation in rock bars. Rock Mechanics and Rock Engineering, 2018, 51(5): 1347-1359.

[29] Cheng Y, Song Z P, Jin J F, et al. Experimental study on stress wave attenuation and energy dissipation of sandstone under full deformation condition. Arabian Journal of Geosciences, 2019, 12: 736.

[30] Cheng Y, Song Z P, Chang X X, et al. Energy evolution principles of shock-wave in sandstone under unloading stress. KSCE Journal of Civil Engineering, 2020, 24(10): 2912-2922.

[31] Yang Q H, Fan L F, Du X L. Determination of wave propagation coefficients of the granite by high-speed digital image correlation (HDIC). Rock Mechanics and Rock Engineering, 2022, 55(7): 4497-4505.

[32] Li J C, Rong L F, Li H B, et al. An SHPB test study on stress wave energy attenuation in jointed rock masses. Rock Mechanics and Rock Engineering, 2018, 52(2): 403-420.

[33] Han Z Y, Li D Y, Zhou T, et al. Experimental study of stress wave propagation and energy characteristics across rock specimens containing cemented mortar joint with various thicknesses. International Journal of Rock Mechanics and Mining Sciences, 2020, 131: 104352.

[34] 殷志强, 王建恩, 张卓, 等. 静载对节理煤岩体动态力学特性和应力波传播的影响. 岩石力学与工程学报, 2022, 41(2): 3152-3162.

[35] Ju Y, Sudak L, Xie H. Study on stress wave propagation in fractured rocks with fractal joint surfaces. International Journal of Solids and Structures, 2007, 44(13): 4256-4271.

[36] Li N N, Zhou Y Q, Li H B. Experimental study for the effect of joint surface characteristics on stress wave propagation. Geomechanics and Geophysics for Geo-Energy and Geo-Resources, 2021, 7(3): 50.

[37] Han Z Y, Li D Y, Li X B. Dynamic mechanical properties and wave propagation of composite rock-mortar specimens based on SHPB tests. International Journal of Mining Science and Technology, 2022, 32(4): 793-806.

[38] Li Y X, Zhu Z M, Li B X, et al. Study on the transmission and reflection of stress waves across joints. International Journal of Rock Mechanics and Mining Sciences, 2011, 48(3): 364-371.

[39] Li J C, Ma G W. Experimental study of stress wave propagation across a filled rock joint. International Journal of Rock Mechanics and Mining Sciences, 2009, 46(3): 471-478.

[40] Zhang Q B, Zhao J. Determination of mechanical properties and full-field strain measurements of rock material under dynamic loads. International Journal of Rock Mechanics and Mining Sciences, 2013, 60: 423-439.

[41] Li X B, Lok T S, Zhao J. Dynamic characteristics of granite subjected to intermediate loading rate. Rock Mechanics and Rock Engineering, 2004, 38(1): 21-39.

[42] 刘军忠, 许金余, 吕晓聪, 等. 冲击压缩荷载下角闪岩的动态力学性能试验研究. 岩石力学与工程学报, 2009, 28(10): 2113-2120.

[43] Li X B, Lok T S, Zhao J, et al. Oscillation elimination in the Hopkinson bar apparatus and resultant complete dynamic stress-strain curves for rocks. International Journal of Rock Mechanics and Mining Sciences, 2000, 37: 1055-1060.

[44] Li X B, Zhou Z L, Lok T S, et al. Innovative testing technique of rock subjected to coupled static and dynamic loads. International Journal of Rock Mechanics and Mining Sciences, 2008, 45(5): 739-748.

[45] Gong F Q, Si X F, Li X B, et al. Dynamic triaxial compression tests on sandstone at high strain rates and low confining pressures with split Hopkinson pressure bar. International Journal of Rock Mechanics and Mining Sciences, 2019, 113: 211-219.

[46] Weng L, Wu Z J, Liu Q S. Dynamic mechanical properties of dry and water-saturated siltstones under sub-zero temperatures. Rock Mechanics and Rock Engineering, 2020, 53(10): 4381-4401.

[47] 谢和平, 鞠杨, 黎立云, 等. 岩体变形破坏过程的能量机制. 岩石力学与工程学报, 2008, 27(9): 1729-1740.

[48] You W, Dai F, Liu Y, et al. Effect of confining pressure and strain rate on mechanical behaviors and failure characteristics of sandstone containing a pre-existing flaw. Rock Mechanics and Rock Engineering, 2022, 55(4): 2091-2109.

[49] 李夕兵, 赖海辉, 古德生. 不同加载波形下矿岩破碎的耗能规律. 中国有色金属学报, 1992, (4): 10-14.

[50] 李夕兵, 刘德顺, 刘爱华. 冲击机械合理加载波形的形究. 中南工业大学学报, 1998, 29(2): 14-17.

[51] 宫凤强, 李夕兵, 刘希灵, 等. 三维动静组合加载下岩石力学特性试验初探. 岩石力学与工程学报, 2011, 30(6): 1179-1190.

[52] Liu S, Xu J Y. Effect of strain rate on the dynamic compressive mechanical behaviors of rock material subjected to high temperatures. Mechanics of Materials, 2015, 82: 28-38.

[53] Fan L F, Wu Z J, Wan Z, et al. Experimental investigation of thermal effects on dynamic behavior of granite. Applied Thermal Engineering, 2017, 125: 94-103.

[54] Wang Z L, Shi H, Wang J G. Mechanical behavior and damage constitutive model of granite under coupling of temperature and dynamic loading. Rock Mechanics and Rock Engineering, 2018, 51(10): 3045-3059.

[55] Gao J W, Fan L F, Zhang W. Thermal cycling effects on the dynamic behavior of granite and microstructural observations. Bulletin of Engineering Geology and the Environment, 2021,

80(11): 8711-8723.

[56] Li J C. Wave propagation across non-linear rock joints based on time-domain recursive method. Geophysical Journal International, 2013, 193: 970-985.

[57] Li J C, Li H B, Jiao Y Y, et al. Analysis for oblique wave propagation across filled joints based on thin-layer interface model. Journal of Applied Geophysics, 2014, 102: 39-46.

[58] Cao R H, Cao P, Lin H, et al. Mechanical behavior of brittle rock-like specimens with pre-existing fissures under uniaxial loading: Experimental studies and particle mechanics approach. Rock Mechanics and Rock Engineering, 2016, 49: 763-783.

[59] Liu C, Jiang Q, Xin J, et al. Shearing damage evolution of natural rock joints with different wall strengths. Rock Mechanics and Rock Engineering, 2022, 55: 1599-1617.

[60] Bahaaddini M, Hebblewhite B K, Hagan P C, et al. Parametric study of smooth joint parameters on the shear behaviour of rock joints. Rock Mechanics and Rock Engineering, 2015, 48: 923-940.

[61] Li J C, Li H B, Zhao J. An improved equivalent viscoelastic medium method for wave propagation across layered rock masses. International Journal of Rock Mechanics and Mining Sciences, 2015, 73: 62-69.

[62] Tang Z C, Wong L N Y. New criterion for evaluating the peak shear strength of rock joints under different contact states. Rock Mechanics and Rock Engineering, 2016, 49: 1191-1199.

[63] Cai J G, Zhao J. Effects of multiple parallel fractures on apparent attenuation of stress waves in rock masses. International Journal of Rock Mechanics and Mining Sciences, 2000, 37: 661-682.

[64] Zhao J, Cai J G, Zhao X B, et al. Experimental study of ultrasonic wave attenuation across parallel fractures. Geomechanics and Geoengineering: An International Journal, 2006, 1(2): 87-103.

[65] Pyrak-Nolte L J, Myer L R, Cook N G W. Transmission of seismic waves across single natural fractures. Journal of Geophysical Research: Solid Earth, 2012, 95(B6): 8617-8638.

[66] She C X, Sun F T. Study of the peak shear strength of a cement-filled hard rock joint. Rock Mechanics and Rock Engineering, 2017, 51(3): 713-728.

[67] Huang J, Liu X L, Zhao J, et al. Propagation of stress waves through fully saturated rock joint under undrained conditions and dynamic response characteristics of filling liquid. Rock Mechanics and Rock Engineering, 2020, 53(8): 3637-3655.

[68] Tian Y, Liu Q, Ma H, et al. New peak shear strength model for cement filled rock joints. Engineering Geology, 2018, 233: 269-280.

[69] Pyrak-Nolte L J, Myer L R, Cook N G W. Anisotropy in seismic velocities and amplitudes from multiple parallel fractures. Journal of Geophysical Research: Solid Earth, 2012, 95(B7): 11345-11358.